普通高等教育智能制造系列教材

工业机器人技术及应用

赵光哲　李鸿志　唐冬冬　编著

机械工业出版社

本教材为理论与实用技术兼顾的工业机器人技术入门教材。全书共 7 章，包括工业机器人的基础知识、组成与性能、核心部件、运动学、轨迹规划、编程语言及编程开发。理论内容循序渐进，书中第 2 章到第 7 章的实训或案例以 AUBO 机器人为例，力图使读者全面掌握工业机器人的结构原理、特点、控制方法、核心技术和开发应用，书中的例题和习题为学生提供理解和巩固的途径，注重培养学习者的实践技能及应用能力。

本教材可作为工业机器人技术、机器人工程、自动控制、机械制造及自动化等相关专业课程的教材，也可供高等院校相关比赛参赛人员、机器人技术领域科研工作者和工程技术人员参考。

图书在版编目（CIP）数据

工业机器人技术及应用/赵光哲，李鸿志，唐冬冬编著. —北京：机械工业出版社，2020.10（2025.1 重印）

普通高等教育智能制造系列教材

ISBN 978-7-111-66468-0

Ⅰ.①工… Ⅱ.①赵…②李…③唐… Ⅲ.①工业机器人-高等学校-教材 Ⅳ.①TP242.2

中国版本图书馆 CIP 数据核字（2020）第 165990 号

机械工业出版社（北京市百万庄大街 22 号　邮政编码 100037）
策划编辑：王勇哲　责任编辑：王勇哲
责任校对：张　薇　封面设计：张　静
责任印制：单爱军
北京虎彩文化传播有限公司印刷
2025 年 1 月第 1 版第 4 次印刷
184mm×260mm·7.75 印张·189 千字
标准书号：ISBN 978-7-111-66468-0
定价：24.80 元

电话服务　　　　　　　　　网络服务
客服电话：010-88361066　　机 工 官 网：www.cmpbook.com
　　　　　010-88379833　　机 工 官 博：weibo.com/cmp1952
　　　　　010-68326294　　金 书 网：www.golden-book.com
封底无防伪标均为盗版　　机工教育服务网：www.cmpedu.com

前　　言

工业机器人能提高生产效率，降低劳动强度，因其独有的优势而得到广泛的应用。从20世纪60年代开始，工业机器人主要应用于汽车制造领域。近些年，工业机器人备受关注，其技术发展迅速，不仅在生产领域（如电子产业、工程机械、采矿等行业）广泛使用工业机器人自动化生产线，而且在其他领域（如医疗、军事、家务及照顾老人生活等方面）也有广泛的应用。

随着工业机器人应用的大众化，机器人向智能化方向发展是必然趋势，机器人技术将既改变生产，也改变生活，因此工业机器人技术也将成为一门重要的技术。为帮助工业机器人学习者和兴趣爱好者快速、全面掌握工业机器人技术技能，培养更多的从事工业机器人技术应用和开发的创新人才，我们编写了本教材。本教材致力于普及工业机器人技术的基础知识，让读者对工业机器人尤其是 AUBO 机器人有一个比较清晰的认识，了解工业机器人的广阔应用前景。

本教材作为工业机器人技术的入门教材，力求使理论介绍更具系统性和实训案例介绍更具可操作性。本教材共7章，分别讲述工业机器人的基础知识、工业机器人的组成与性能、工业机器人的核心部件、工业机器人的运动学、工业机器人的轨迹规划、工业机器人编程语言和工业机器人编程开发，全面介绍工业机器人的发展历史、应用类型、特点、原理、控制方法、核心技术及开发等。本教材的最大特色在于阅读性和实用性强，突出工业机器人技术的可操作性，从第2章开始，每章以 AUBO 机器人为例配以相应的案例和实训，图文并茂、通俗易懂，并且每章后面辅以思考与练习，为巩固和加强读者解决实际应用问题能力提供方向。本教材配有精美课件，课件可通过机工教育服务网（www.cmpedu.com）获取。

工业机器人技术涉及力学、机械工程学、电子学、计算机科学和自动控制，是一门综合型技术学科。因此，本教材可作为工业机器人技术、机器人工程、自动控制、机械制造及自动化等相关专业课程的教材，也可供高等院校相关比赛参赛人员、机器人技术领域科研工作者和工程技术人员参考。

本教材的编写得到了遨博（北京）智能科技有限公司北京研发中心的大力帮助，方源智能（北京）科技有限公司技术中心在本教材的编写过程中也给予了技术支持和细心帮助，在此表示特别的感谢。同时编者也参阅了大量的图书和互联网资料，在此向相关专家、学者一并表示衷心的感谢。

工业机器人技术的应用型教材建设目前处于探索阶段，由于编者水平有限，书中难免存在不少疏漏和不足之处，恳请广大读者提出宝贵意见和建议。

编　者

目　　录

第1章 工业机器人的基础知识

 知识目标

✓ 掌握工业机器人的定义和特点。
✓ 了解工业机器人的发展历史和未来趋势。
✓ 熟知工业机器人的典型应用。

1.1 工业机器人的定义与特点

机器人（Robot）一词来源于 1920 年捷克作家 Karel Capek 的科幻话剧《Rossum's Universal Robots》，剧中有一批听命于人并能从事各项劳动的机器，名叫 Robot。因此，用机器人（Robot）来称呼能代替人从事工作的自动化机械。由于通常所用的机器人与人类手臂比较相似，因此机器人也常被称为机械手、机械臂或操作臂（Manipulator）。

目前，机器人尚无统一、准确的定义，不同标准化机构和专门组织均给出了各自的机器人定义。国际标准化组织（International Organization for Standardization，ISO）给机器人的定义为："机器人是一种自动的、位置可控的、具有编程能力的多功能机械手，这种机械手具有几个轴，能够借助可编程操作来处理各种材料、零件、工具和专用装置，执行各种任务"。美国机器人协会（Robot Institute of American，RIA）给出的定义为："机器人是一种用来移动材料、零件、工具或特定装置的可重新编程的多功能操作器，可以通过改变编程运动来执行不同的任务"。日本机器人协会（Japanese Robot Association，JRA）则将机器人分为工业机器人和智能机器人两大类：工业机器人强调作业能力，是一种"能够执行人体上肢（手和臂）类似动作的多功能机器"；智能机器人强调感知和自主能力，是一种"具有感觉和识别能力，并能够控制自身行为的机器"。我国国家标准（GB/T 12643）给机器人的定义为："工业机器人是一种能够自动定位控制，可重复编程的，多功能的、多自由度的操作机，能搬运材料、零件或操持工具，用于完成各种作业"。

从机器人的定义可看出，机器人是自动化设备的一种。与传统工业自动化相比，机器人具有三个特点：

1）可编程。工业机器人能够随其工作环境变化的需要而再编程，因此它在小批量、多品种、具有均衡高效率的柔性制造过程中能发挥很好的功用，是柔性制造系统中的一个重要组成部分。

2）灵活性高。工业机器人一般由多个关节组成，运动灵活性很高，工作空间很大，因此布置方便，能满足复杂任务的需求。

3）通用性强。除了专门设计的专用工业机器人外，一般工业机器人在执行不同的作业任务时具有较好的通用性，通过更换工业机器人手部末端操作器（如手爪、工具等）便可执行不同的作业任务。

机器人虽是代替人完成各种任务，但与人相比，机器人具有明显的优点：

1）对环境的适应性强。机器人能在恶劣环境下工作，如核辐射、粉尘等恶劣环境，这些环境对人体有较大伤害。另外，对于洁净度要求很高的场景，如晶体制造领域，机器人能够很好地保持生产车间的洁净度。

2）负载大。不同型号的工业机器人具有不同的负载，负载能力强的能举起1t以上的物体，并且能长时间进行高负载工作。

3）精准度高、稳定性好。目前，工业机器人的重复定位精度一般能达到 ±0.02mm，高精度的能达到 ±0.005mm，并且稳定性要明显好于人类，能满足高精度操作任务的要求。

4）一致性好。工业机器人完成任务的一致性好，产品质量的波动较小。

5）综合成本较低。工业机器人虽然一次性支出较大，但是后续仅需要支出电费和一定的维护费用，一般能够保证在2年内综合成本低于采用人工的支出费用。

1.2 工业机器人的应用领域

工业机器人的应用领域非常广泛，典型的有码垛、焊接、打磨、检测、分拣等，并且还在不断拓展中。总体来说，机器人的应用领域是与其特点密切相关的。

1.2.1 码垛

机器人码垛（图1-1）在现代物流行业有着广泛的应用，能为现代生产提供更高的生产效率。其优势有：①码垛机器人能够大大节省劳动力，节省空间，降低工人的作业强度；②运作灵活精准、快速高效，稳定性高，作业效率高；③工作时间长，能够提高产量、降低成本。

1.2.2 焊接

图1-2所示为机器人焊接。相对于传统人工焊接，工业机器人进行焊接具有以下优点：①稳定且焊接质量高，能将焊接质量以数值的形式反映出来；②提高劳动生产率；③改善工人劳动强度，并可在有害环境下工作；④降低了对工人操作技术的要求；⑤缩短了产品改型换代的准备周期，减少相应的设备投资。

图1-1 机器人码垛

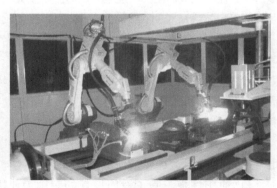
图1-2 机器人焊接

1.2.3　打磨

通过集成末端力/力矩传感器，机器人可进行打磨作业，如图1-3所示。采用工业机器人进行打磨具有以下优点：①能将高噪声和粉尘与外部隔离，减少环境污染；②操作工人不直接接触危险的加工设备，可避免工伤事故的发生；③能保证产品加工精度的稳定性，提高良品率；④能代替熟练工人，降低人力成本；⑤能降低管理成本，不会因员工流动而影响交货期；⑥可再开发，能根据不同的样件进行重新编程，缩短了产品改型换代的准备周期，减少相应的设备投资。

1.2.4　检测

图1-4所示为检测机器人。将检测设备安装在工业机器人末端，可充分利用工业机器人的灵活性，完成大范围、多角度的检测；可降低人为因素对检测结果的影响，提高检测的可靠性。

图1-3　机器人打磨叶片

图1-4　机器人检测

1.2.5　分拣

结合视觉系统，工业机器人可完成自动化分拣，如图1-5所示。分拣任务一般对作业效率要求很高，如对糖果的分拣，需要快速地进行装箱。工人的速度没有那么快，难以满足工厂的节拍，并且长时间进行重复性的动作容易疲劳。与人相比，工业机器人的运动速度非常快，并且可24小时连续作业，能大幅提高生产效率，同时降低人力成本。

1.2.6　机床上下料

工业机器人还可应用于数控机床的自动上下料（图1-6）。上下料机器人运行平稳、结构简单更易于维护，机床的控制器与机械人的控制模块独立，互不影响，可实现对圆盘类、长轴类、金属板类、不规则形状等工件的自动上料/下料、工件翻转、工件转序等工作，在汽车、机械制造、军事工业、航空航天和食品药品生产等行业的应用很广泛。

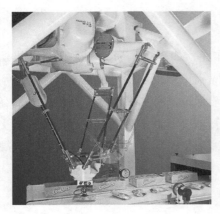

图 1-5　机器人分拣

图 1-6　汽车发动机凸轮轴加工机床上下料机器人

1.3　工业机器人的发展概况

1.3.1　工业机器人的历史

工业机器人起源于第二次世界大战时期，由于军事、核工业的发展，需要有操作机械来代替人对放射性物质进行处理。在操作放射性材料和精密加工的数控技术这两种需求的推动下，美国阿贡国家实验室（Argonne National Laboratory，ANL）设计了连杆关节型的遥控操作手。为了提高操作精度，1947 年其又研制了电动伺服控制的遥控操作手。这些研究为机器人的产生奠定了技术基础。

1954 年，美国人 George Devol 巧妙地将遥控操作手的连杆机构与数控铣床的伺服轴连接起来，设计制成了世界上第一台可编程的通用工业机器人，并获得了专利。这种机器人可事先将要完成的任务用编程输入的方式或用手带动机器人末端执行器顺序通过工作位置的方式将数据依次存入记忆装置，工作时机器人即可按所记忆的程序完成指定的任务。通过改变所记忆的程序，就可使同一机器人完成不同的工作任务，具有"示教—再现"和"可编程"的功能。

1956 年，Joseph Engelberger 购买了 Devol 的专利并成立了 Unimation 公司。1961 年，该公司制成了第一台 Unimate 机器人，如图 1-7 所示。1978 年，Unimation 公司推出了性能优良的 PUMA（Programmable Universal Manipulator for Assembly）机器人，如图 1-8 所示。PUMA 是一种经典的 6 轴机器人，每个关节均是旋转副，其中腕关节 3 个关节的轴线相交于一点，能灵活地调整末端工具的姿态。

1979 年，日本推出了 SCARA（Selective Compliant Articulated Robot Arm）机器人，如图 1-9 所示。SCARA 是一种 4 轴机器人，包

图 1-7　Unimate 机器人用于汽车生产线

含 3 个轴线平行的旋转关节及 1 个 Z 轴方向运动的平移关节。它适用于垂直装配的任务，具有很高的速度和运动精度，至今仍广泛应用于各种领域，尤其是 3C（Computer，Communication，Consumer）电子领域。

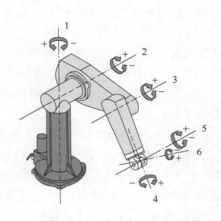

图 1-8　PUMA 机器人

1—腰 320°（关节 1）　2—肩 250°（关节 2）

3—肘 270°（关节 3）　4—手腕旋转 300°（关节 4）

5—手腕弯曲 200°（关节 5）　6—法兰 532°（关节 6）

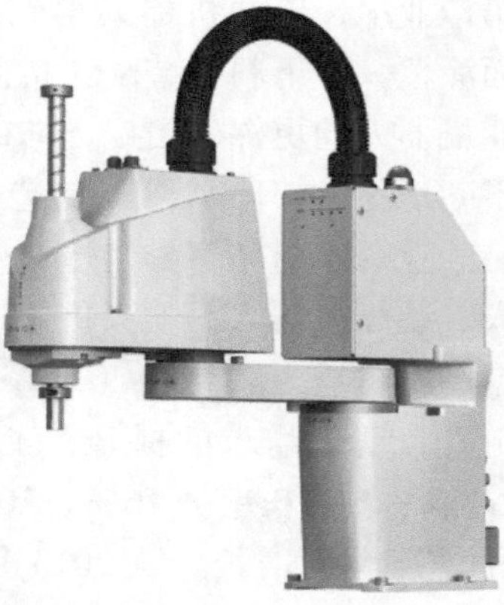

图 1-9　SCARA 机器人

20 世纪 80 年代，随着传感技术（包括视觉传感器、非视觉传感器（力觉、触觉、接近觉等））及信息处理技术的发展，出现了第二阶段机器人——有感觉的机器人。它能够获得作业环境和作业对象的部分有关信息，进行一定的实时处理，引导机器人进行作业。第二阶段机器人进入了使用阶段，并在工业生产中得到了广泛应用。

第三阶段机器人是目前正在研究的"智能机器人"。它不仅具有比第二阶段机器人更加完善的环境感知能力，而且还具有逻辑思维、判断和决策能力，可根据作业要求与环境信息自主地进行工作。

在第三阶段机器人的基础上，开发出更加智能的第四代情感机器人。该类机器人能够表达、识别和理解喜、怒、哀、乐，具有模仿、延伸和扩展人的情感的能力。情感机器人也是社会发展的结果。

我国机器人的发展也很迅速。古代的中国就可找到机器人的影子，如周朝的"歌舞艺人"、三国时期的"木牛流马"。我国在"七五"期间实施了"863"计划，只经过了短短的二十年，中国的机器人技术在世界已占有一席之地。在制造业中陆续出现了喷涂、搬运、装配等机器人。但受市场和资金等因素的制约，目前装机数量规模比较小，与发达国家相比还存在很大差距。今后，走产业化道路是推动中国工业机器人发展的动力。另外，特种机器人有"瑞康一号"和"探索者一号"，核工业中还成功研制出壁面爬行、遥控检查和排险机器人。最近，2 毫米微电机的成功研制和第一台"导游小姐"服务机器人的诞生，进一步推动了中国机器人的发展与应用。

机器人的广泛应用极大地促进了机器人应用领域的扩大，机器人的类型、产量也得到不断扩充和提升。

1.3.2 工业机器人的现状

经过六十多年的发展，工业机器人已在越来越多的领域得到了应用。在制造业中，尤其是在汽车产业中，工业机器人得到了广泛的应用，如在毛坯制造、机械加工、焊接、热处理、表面涂覆、上下料、装配、检测及仓库堆垛等作业中，机器人已逐步取代了人工作业。随着工业机器人向更深、更广方向的发展，以及机器人智能化水平的提高，机器人的应用范围还在不断地扩大，已从汽车制造业推广到机械加工行业、电子电气行业、橡胶及塑料工业、食品工业、木材与家具制造业等领域中。在工业生产中，弧焊机器人、点焊机器人、分配机器人、装配机器人、喷漆机器人及搬运机器人等工业机器人都已被大量采用。

根据国际机器人联合会（International Federation of Robotics，IFR）的报告，从 2010 年开始，随着自动化需求的提升，工业机器人的销售量不断攀升，如图 1-10 所示。2011—2016 年的年平均增长率为 16%，2017 年的增长率为 18%，预计未来几年还会以年平均增长率 15% 的速度继续增长。从 2013 年起，中国已经连续四年成为全球最大的工业机器人市场。2016 年，中国工业机器人销量达 9 万台，同比增长 31%，约占全球销量的 1/3。目前，中国的机器人制造商正在扩大其在国内市场的份额，2018—2020 年，中国机器人的年销售量预计每年平均增长 15% ~20%。

图 1-10　世界机器人市场的年销售量统计和预估

1.3.3 工业机器人的发展趋势

目前，工业机器人已经能够完全替代人完成简单的任务，如码垛、喷涂等；对于一些涉及工艺的复杂任务，也能实现相当一部分的替代，如焊接、打磨等，相关技术也逐渐成熟。在未来，工业机器人将继续保持高速发展，将在智能化、规模化、工业大数据等方面重点发展。

（1）智能化　工业机器人将融合多种传感器，增强工业机器人对环境的感知能力，提升工业机器人操作能力、作业效果和智能性。如，除采用传统的位置、速度、加速度等传感器外，装配、焊接机器人还应用了视觉、力觉等传感器来进行协调和决策控制。而喷涂机器人集成视觉系统，通过对喷涂效果的感知实现机器人姿态的反馈控制，从而保证喷涂的均匀，提高喷涂质量。

（2）规模化　目前，工业机器人能对单条或部分生产线进行替换。随着用人成本的逐步提高及技术的发展和成熟，工业机器人将实现从加工部件到装配乃至最后一道成品检查的自动运行，能对现有人工生产线进行整体替换，打造"无人工厂"。

（3）工业大数据 通过采集和分析机器人大量传感器的数据，从而实现对机器人的监测和故障诊断，提高机器人的可靠性；实现对工作流程的优化，提高自身的作业效率。

1.4 协作机器人的相关知识

1.4.1 协作机器人的简介

协作机器人（Collaborative Robot），简称 Cobot 或 Co-Robot，是一种与人类在共同工作空间中有近距离互动的机器人。

协作机器人是整个工业机器人产业链中一个非常重要的细分类别，随着全球制造业的转型发展，柔性制造需求越来越多，协作机器人正成为行业新宠。与传统工业机器人需要安装安全防护措施并与人隔离不同，协作机器人更灵活安全、易编程，可与工人共享工作空间，同时发挥人和机器的互补优势。

协作机器人的兴起意味着传统机器人必然有某种程度的不足，或者无法适应新的市场需求。传统工业机器人的主要不足体现在：

1）传统机器人部署成本高。

2）无法适应中小企业需求。

3）无法满足新兴的协作市场。

协作机器人的优势特点主要体现在：

1）安全。协作机器人一般在硬件设计和软件控制系统中具有更多的安全设计，具有灵敏的力度反馈特性和特有的碰撞监测功能，工作中一旦与人发生碰撞，便会立刻自动停止，无须安装防护栏，在保障人身安全的前提下，实现人与机器人的协同作业。

2）易用。用户可直接通过手动拖拽来设置机器人的运行轨迹，同时示教盒端可视化的图形操作界面让非专业用户也能快速掌握；一线工人可能只需要几个小时就可学会操作，免去传统工业机器人复杂的编程和配置。

3）模块化。协作机器人一般采用模块化一体式关节的设计，让机器人的维修与保养更加快速与便捷。关节模块一旦出现故障，用户可在极短的时间内进行更换。

1.4.2 协作机器人的发展

1995 年，GM Motor Foundation 赞助了一个项目，试图找出让机器人变得足够安全的方法，以便机器人可以与工人协同工作。在 1996 年，美国伊利诺伊州西北大学的教授 J. Edward Colgate 和 Michael Peshkin 首次提出了协作机器人（Cobot）的概念。之后几年，出现了很多在运动学结构上与传统机械臂不太一样的协作机器人，但最终没有得到大规模发展。协作机器人近几年才开始获得广泛关注，据预测，协作机器人从 2015 年到 2020 年会增长十倍，市值从 2014 年的 9500 万美元涨到 10 亿美元。经过几年的发展，国内外市场上已经出现了很多款协作机器人。

UR5（图 1-11）是世界上第一台协作机器人，由丹麦的 Universal Robot 公司在 2009 年推出，这是第一设计目标就是协作的工业机器人产品。UR 总部位于丹麦欧登塞，是目前全球协作机器人的先驱和领导者。

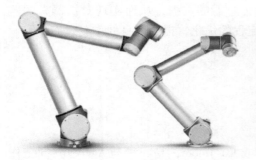

图 1-11　UR5 机器人

图 1-12　Rethink 公司机器人产品

Rethink Baxter 是 Rethink 公司推出的双臂协作机器人产品（图 1-12），总部位于美国波士顿，主要面向高端市场和科研领域的应用，市场表现不如预期。而后续推出的单臂协作机器人产品——Sawyer 性能较为出色，但市场售价较高。

作为传统工业机器人四大家族，ABB、KUKA（库卡）、FANUC（发那科）和 YASKA-WA（安川）也当仁不让推出了各自的协作机器人产品，如图 1-13 ~ 图 1-16 所示。

图 1-13　ABB YuMi 机器人

图 1-14　KUKA LBR iiwa 机器人

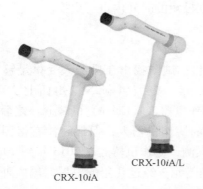

CRX-10*i*A/L

CRX-10*i*A

图 1-15　FANUC CRX 系列机器人

图 1-16　YASKAWA HC10 机器人

国内协作机器人厂商代表如下：

（1）遨博智能 遨博（北京）智能科技有限公司（以下简称"遨博"）成立于2015年，前身为 Smokie Robotics，旗下包括遨博北京研发中心、遨博江苏机器人生产基地，以及分布在中国、美国、德国等地的多家子公司和办事处。技术团队主要来自于我国北航、清华、哈工大，以及法国南特中央理工大学、美国密歇根理工大学和美国田纳西大学等国内外知名高校院所。

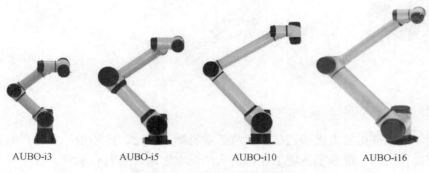

| AUBO-i3 | AUBO-i5 | AUBO-i10 | AUBO-i16 |

图 1-17　AUBO i 系列机器人

2015年遨博智能推出国内第一款具有核心自主知识产权的轻型协作机器人 i5，该系列产品（图1-17）已符合多项国际安全标准，凭借高安全、易操作、开放性等特点，广泛应用于3C电子、汽车零部件、家电、五金、医疗、教育和生活服务等多个行业领域。

（2）哈工大机器人集团 哈工大机器人集团（HRG）是由黑龙江省政府、哈尔滨市政府和哈尔滨工业大学共同投资组建的高新技术企业，成立于2014年12月。集团主要从事工业机器人、服务机器人、特种机器人、智能云机器人、新兴智能装备、智慧工厂项目及相关技术转让、技术咨询、技术服务等。

HRG 轻型协作机器人（T5）可以进行人机协作，具有运行安全、节省空间、操作灵活的特点，能够完成搬运、分拣、涂胶、包装和质检等工序，如图1-18所示。

（3）新松机器人 新松机器人自动化股份有限公司（以下简称"新松"）成立于2000年，隶属于中国科学院，是一家以机器人技术为核心的高科技上市公司。作为中国机器人领军企业及国家机器人产业化基地，新松拥有完整的机器人产品线及工业4.0整体解决方案。新松开发了灵活度更高、使用更方便、适应人机协作需求的7自由度SCR5协作机器人（图1-19），拥有完全自主知识产权，具有快速配置、牵引示教、视觉引导、碰撞检测等功能，其极高的灵敏度、灵活度、精确度和安全性的特征，特别适用于布局紧凑、精准度要求高、工作空间有限的柔性化生产线，满足精密装配、产品包装、打磨、检测和机床上下料等工业操作需要。

（4）大族电机 Elfin 系列 大族电机是由上市公司——大族激光投资组建的控股子公司，是一家集技术研发、生产和销售为一体的国家级高新技术企业。

公司产品由最基础的电机零部件延伸至工业机器人本体及系统集成，其推出了单臂协作型六轴机器人 Elfin 机械手（图1-20）。在电机等产品市场占有稳固份额的同时，目前正在逐步立足于工业机器人领域。

图 1-18　HRG T5 机器人　　　图 1-19　新松 SCR5 机器人　　　图 1-20　大族电机 Elfin 系列机器人

1.4.3　协作机器人的应用

尽管近年来服务机器人发展迅猛，但与工业机器人相比，这还是一个新兴的、尚未成熟的领域，而协作机器人继承了传统工业机器人的优点，同时装备有视觉、触觉等更多感知能力，更便携、更安全、更易编程操作，因此更适用于各个领域，与人类协同工作提升整体工作效率。

协作机器人的一些典型应用有：

（1）上下料　协作机器人具有体积小、编程简单、易于实施等特点，尤其适用于一些空间狭小的工作场景，同时凭借其独特的安全性设计，可与产线工人协同工作，可最大限度地代替人工，解放劳动力，同时提高生产效率和产品质量。目前，已有大量协作机器人应用于食品饮料和 3C 电子等行业的自动上下料环节，如图 1-21 所示为狭小空间电子设备上下料。

（2）螺丝锁付　协作机器人通过末端安装拧紧模组，以及配备的自动螺钉供料系统进行拧紧工作。拧紧模组通过螺钉到位传感器检测螺钉到位状态，电动数控螺丝刀通过深度传感器检测及扭矩监测反馈确认螺钉拧紧，一些行业还可通过加装视觉系统实现多位置快速准确的拧紧工作。如图 1-22 所示为汽车部件视觉拧螺丝。

图 1-21　狭小空间电子设备上下料　　　　　图 1-22　汽车部件视觉拧螺丝

（3）打磨　协作机器人末端安装高精度的力控传感器并且带有可伸缩的智能浮动打磨头，通过气动装置使其保持恒力进行曲面打磨。该应用可以用于打磨制造业中的各类毛坯件，如图 1-23 所示为电脑面板力控打磨。

（4）涂胶　协作机器人末端安装电动胶枪，机器人末端根据要求轨迹喷涂多种胶水。协作机器人具有优异的牵引示教功能，牵引示教可协助操作人员更方便容易地编写程序。同时使用机器人可以控制涂胶的出胶量，保证均匀出胶，非常适用于汽车零部件行业、3C 电子行业等各类需要涂胶的场景，如图 1-24 所示为汽车空调滤芯涂脱模剂。

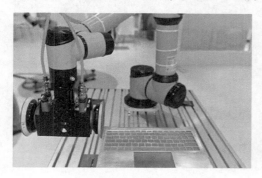

图 1-23　电脑面板力控打磨　　　　　　　图 1-24　汽车空调滤芯涂脱模剂

协作机器人不仅可以用于工业领域，其更大的增长动力来自于非工业领域，或者说商业领域，目前研究和产品化比较多的是物流分拣、医疗康复、商业零售等领域。由于传统机器人安全性较差，在使用时有很多限制，而协作机器人的出现，将在很大程度上加快机器人的普及。协作机器人更多的非工业应用如图 1-25 ~ 图 1-30 所示。

图 1-25　机器人餐厅　　　　　　　　　　图 1-26　汽车质检机器人

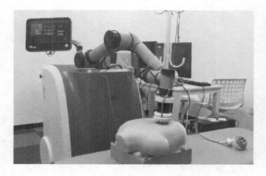

图 1-27　健康医疗机器人　　　　　　　　图 1-28　无人零售机器人

图 1-29　环卫机器人

图 1-30　档案机器人

思考与练习

1.1　工业机器人的定义有哪些?

1.2　工业机器人作为自动化设备的一种,与传统自动化设备相比有什么特点?

1.3　与人相比,工业机器人有哪些特点?

1.4　请阐述机器人的发展历史、现状及未来的发展趋势。

1.5　请举例说明工业机器人的典型应用。

1.6　根据工业机器人的特点,推断它还可以在哪些领域应用?

第2章 工业机器人的组成与性能

知识目标

✓ 熟知工业机器人的系统组成。
✓ 了解工业机器人的典型结构及其特点。
✓ 熟知工业机器人的主要性能参数。

技能目标

✓ 能够组装工业机器人。
✓ 能够操作示教盒,完成对工业机器人的基本控制。

2.1 工业机器人的系统组成

工业机器人主要由本体、控制柜和示教盒三部分组成,如图 2-1 所示。本体是机器人的执行机构,一般由多个关节和连杆组成;控制柜为本体和示教盒提供能源,控制本体的运动,并提供一定的输入、输出接口;示教盒提供人机交互界面,人通过示教盒操作机器人。

a)   b)   c)

图 2-1 工业机器人系统的组成
a)本体 b)控制柜 c)示教盒

2.1.1 本体

本体是工业机器人带动工具完成所需任务的机构,主要由关节和连杆组成。其中,关节最为重要,它决定了机器人的主要性能。关节需要具有伺服控制、抱闸等功能,以保证机器人能按照需求完成任务,并能在断电情况下保持原有的构型。另外,为了保证操作的准确性,关节要求具备高刚度、高精度等特点。连杆决定了机器人的工作空间,臂杆长度越大,机器人的工作空间越大。为了增大机器人的负载能力,连杆要在满足刚度要求的前提条件下尽量轻量化，以降低机器人自重对性能的影响。关节的选型和连杆长度的选择需要综合起来考虑，以利于充分发挥每个关节的能力，获得最优的性能。

本体关节与连杆的关系构成如图 2-2 所示。一般来说，从安装位置起，第一个连杆称为基座；关节按顺序称为第 i 个关节（$i =$ 1，2，…，N），N 为关节的数量；最后一个连杆称为机器人末端。机器人无法单独完成任务，通常在末端设计有法兰盘，用于安装必要的工具或连接工具，并且一般会预留一定的电气接口，用于工具的供电和通信等。

2.1.2 控制柜

控制柜是工业机器人的大脑。电力供应、运动控制器、外部接口等均在控制柜中，机器人本体和示教盒都会与控制柜相连，从而构成一个完整的系统。如图 2-3 所示，控制柜的前面板包括电源开关、功能按钮、状态指示灯等；后面板包括线缆接口、网络和 USB（Universal Serial Bus）等外设接口及 PLC（Programmable Logic Controller）电气接口。

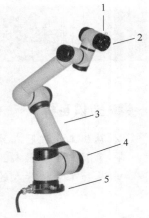

图 2-2　本体的构成
1—电气接口　2—末端法兰
3—连杆　4—关节　5—基座

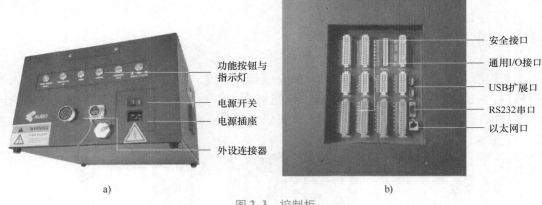

功能按钮与指示灯

电源开关
电源插座

外设连接器

a)

安全接口

通用I/O接口

USB扩展口

RS232串口

以太网口

b)

图 2-3　控制柜
a) 控制柜前面板　b) 控制柜后面板

2.1.3 示教盒

示教盒提供图形操作界面，人通过示教盒操作工业机器人，如图 2-4 所示。示教盒上一般有：①电源开关，用于启动控制系统；②触摸屏，用于触屏操作；③急停按钮，用于系统的急停；④力控按钮，按下后可对机器人进行拖动示教；⑤示教盒线缆接口，通过电缆与控制柜相连。

示教盒是人与机器人进行交互的重要设备。一方面，通过示教盒，人能对机器人发出基本的控制指令，如关节运动控制、末端位姿

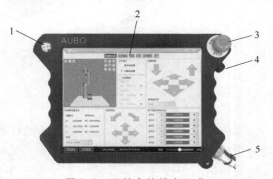

图 2-4　示教盒的基本组成
1—电源开关　2—触摸屏　3—急停按钮
4—力控按钮　5—示教盒线缆接口

控制、脚本编程等，可完成一般的任务；另一方面，机器人的大部分状态信息，包括系统信息、关节角度、电动机温度等，都可以在示教盒中查看。

2.1.4 其他组成

工业机器人的系统组成除了本体、控制柜和示教盒外，一般还需包含相应的外围设备才能正确使用或者完成某一项具体工作任务，如工业机器人末端工具、安装底座、安全装置和配套自动化设备等，如图2-5~图2-8所示。

图 2-5　机器人末端

图 2-6　机器人底座

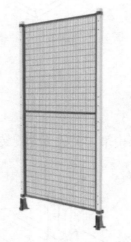

图 2-7　机器人防护网

图 2-8　自动化设备

2.2 工业机器人的典型构型

工业机器人的构型是指关节和连杆的布置形式，包括关节的类型、关节的数量、串联或并联等方面。最常用的关节类型主要有两种：一种是旋转关节，绕某一轴线转动；另一种是移动关节，沿某一方向平移运动。在机器人中，可只用一种类型的关节，也可混合起来使用，如 AUBO 机器人只使用旋转关节，直角坐标式机器人只使用移动关节，而 SCARA 机器人包含旋转关节和移动关节。关节的数量则是根据具体任务来确定，或者说不同关节数量的机器人适用于不同的任务。关节的数量越多，灵活性越高，通用性越好，但相应的成本可能会增加。如，SCARA 机器人包含 4 个关节，一般适用于平面内的任务；AUBO 机器人则包含 6 个关节，通用性更好一些。大多数工业机器人都是串联的，并联机器人只占很小部分。串联机器人的工作范围更大一些，而并联机器人的高速性、负载能力较好。

2.2.1 直角坐标式机器人

直角坐标式机器人由 3 个移动关节构成，关节轴线相互垂直，相当于直角坐标系的 x、y 和 z 轴，如图 2-9 所示。这种构型的主要特点有：

1）结构刚度高，为了进一步提高刚度，还可做成龙门式（一根横梁连接两个支腿与地面紧固组成的像一个门框一样的结构）。

2）3 个关节的运动是独立的，没有耦合，并且不影响末端工具的姿态，位置精度在整个工作空间内是一致的。

3）控制简单，对末端工具的位置需求直接反映到关节的位置上。

4）占地面积大，动作范围小。

5）操作灵活性较差，只能对末端位置进行控制。

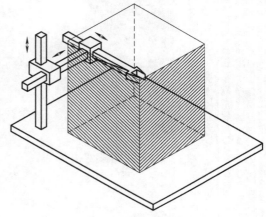

图 2-9　直角坐标式机器人

2.2.2 柱坐标式机器人

柱坐标式机器人由 3 个关节构成，如图 2-10 所示。其中第一个关节为旋转关节，后两个关节为移动关节。这种机器人的运动所形成的最大轨迹表面是半径为 R 的圆柱面。若以柱坐标 θ、h 和 r 来表示空间中点的位置，则其位置可表示为 $\boldsymbol{P} = f(\theta, h, r)$。

2.2.3 球坐标式机器人

球坐标式机器人由 2 个转动关节和 1 个移动关节构成，如图 2-11 所示。这种机器人的运动所形成的最大轨迹表面是半径为 R 的半球面。若以球坐标 θ、φ 和 r 来表示空间中点的位置，则其位置可表示为 $\boldsymbol{P} = f(\theta, \varphi, r)$。这种机器人占地面积小，工作空间较大。

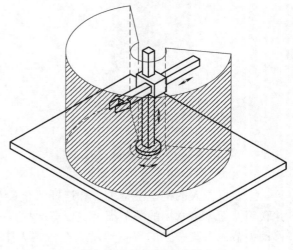

图 2-10　柱坐标式机器人

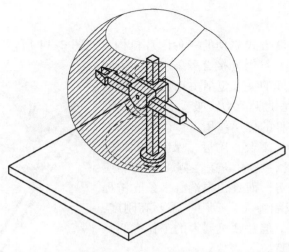

图 2-11　球坐标式机器人

2.2.4　SCARA 机器人

SCARA 机器人由 3 个轴线平行的转动关节和 1 个移动关节构成，如图 2-12 所示。前三个关节均为转动关节，可在一个平面内运动定向；第四个关节是移动关节，完成末端执行器在垂直平面内的运动。这种机器人具有结构轻便、响应快等特点，最适用于在垂直方向完成零件的装配任务，在 PCB（Printed Circuit Board）制作等电子行业应用较多。

2.2.5　六轴机器人

六轴机器人有 6 个关节，能完全控制末端执行器在三维空间的位置和姿态，因而具有很高的操作灵活性，广泛应用于各个行业和领域。图 2-13 所示为 AUBO 六轴机器人。为了保证解析逆解的存在，六轴机器人一般设计为连续 3 个关节轴线平行或相交于一点的构型。

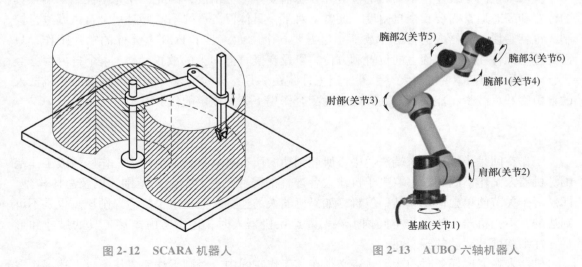

图 2-12　SCARA 机器人　　　　　　　　图 2-13　AUBO 六轴机器人

2.2.6 并联机器人

并联机器人是以并联方式驱动的一种闭环机构，如图 2-14 所示。与串联机器人不同，它的末端（称为动平台）同时连接有多条支链，构成多个闭环结构。连杆之间的关节包括主动关节和被动关节两类，主动关节提供驱动力，被动关节无驱动力，跟随运动。通过连杆的传递作用，可以将驱动电机安装在基座（又称为定平台）附近，保证运动部分重量轻、惯量小。因此，它的高速性好、动态响应好，适用于做分拣类任务。而且，末端有多条支链提供支撑，刚度高、负载能力大，适用于需要高刚度、高精度或大载荷的领域。但并联机器人的工作空间一般较小，使用时需要注意。

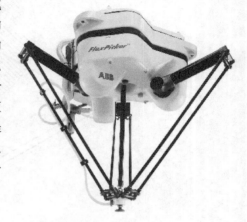

图 2-14　并联机器人

2.3　工业机器人的性能参数

工业机器人特性的基本参数和性能指标主要有自由度、工作空间、负载能力、精度、运动特性等，对于协作型机器人，还有碰撞等级指标。在选择工业机器人时，需要结合具体的任务需求合理选择。

2.3.1　自由度

机器人的自由度是指其具有的独立坐标轴运动的数目。串联机器人的自由度数与关节的数量相同；并联机器人的自由度数为主动关节的数量。机器人的自由度数目越多，运动就越灵活，功能就越强，但是成本一般也会随之升高，求逆解、控制会更加困难，刚度、精度等性能也会下降。

在三维空间中表述一个物体的位置和姿态需要 6 个自由度，因此，要完全控制末端工具的位置和姿态通常需要 6 个自由度。通常，对某一具体任务，并不需要对每个自由度进行控制，也就是说，机器人的自由度数不一定需要 6 个。如，对于 PCB 上元件的贴片工作，只需要考虑元件在一个平面上的位置和方位，以及在竖直方向上的放置动作，4 个自由度已经足够，可采用 SCARA 机器人。另外，当工件装在某些特殊的工装（如转台）上时，机器人的自由度数可减少，能在机器人和工装的配合作用下完成预定的任务。

2.3.2　工作空间

工作空间是指机器人末端法兰中心所能到达的所有点的集合，也称为工作区域或工作范围。机器人工作空间的大小取决于机器人各连杆的尺寸、关节的运动范围，以及总体构型。即使每个关节能单独运动到某一位置，如果机器人的连杆之间发生了碰撞，则该点也是不可到达的，不在机器人的工作空间内。在实际运用机器人时，还需考虑末端工具的尺寸和形状，仔细验证其运动的安全性。

机器人在完成任务时的运动轨迹必须在其工作空间内，否则无法完成任务。上述工作空间的定义只包含了位置，即只约束了3个自由度。在某些区域，机器人末端的姿态不可控。
对于有姿态要求的任务，这些位置无法到达，不在工作空间内。如，在边界区域，姿态的可调整范围十分有限，可能无法满足某些任务的需求。此外，在某些位置可达区域内，机器人末端的速度也会受到影响。如果有速度需求的话，同样需要进行考虑。工作空间也为防护围栏的安装提供依据。

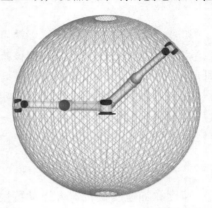

工业机器人的工作空间在三维空间中的形状非常复杂。如图2-15所示为AUBO-i5运动范围，除去机座正上方和正下方的圆柱体空间，工作范围为半径1350mm的球体。选择机器人安装位置时，务必考虑机器人正上方和正下方的圆柱体空间，尽可能避免将工具移向圆柱体空间。也可通过关节的运动范围来评估机器人工作空间的大小，见表2-1。

图2-15　机器人的工作空间示意图

表2-1　AUBO-i5的关节运动范围

序号	运动范围
1	±175°
2	±175°
3	±175°
4	±175°
5	±175°
6	±175°

2.3.3　负载能力

负载能力是指机器人在工作范围内的任何位置上所能承受的最大质量，通常指机器人在最大臂长位置举起的最大质量。实际上由于被操作物体是运动的，因此负载能力不仅要考虑静态的质量，还要考虑运动过程产生的动载，即加速度、惯量带来的影响。另外，负载能力还与末端工具的质心有关。一般负载能力是在末端法兰中心附近测量的，当工具的质心偏离法兰中心太远时，负载能力也会相应下降。负载能力与工具质心偏离法兰中心距离的关系如图2-16所示。

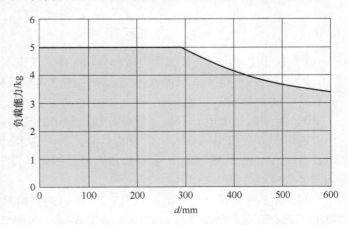

图2-16　AUBO机器人的有效负载曲线

2.3.4 精度

机器人的精度主要涉及位姿精度、重复位姿精度、轨迹精度、重复轨迹精度等。位姿精度是指令位姿和从同一方向接近该指令位姿时的实到位姿中心之间的偏差。重复位姿精度指对同指令位姿从同一方向重复响应 n 次后实到位姿的不一致程度。轨迹精度指机器人机械接口从同一方向 n 次跟随指令轨迹的接近程度。重复轨迹精度指对一给定轨迹在同方向跟随 n 次后实到轨迹之间的不一致程度。一般情况下，工业机器人生产厂商标注的是重复精度，重复定位精度可达到 0.02mm 以下。

2.3.5 运动特性

速度和加速度是机器人运动特性的主要指标，运动特性越好，工作效率就越高。在工业机器人说明书中，通常提供了主要运动自由度的最大稳定速度，在实际应用中还应注意其最大允许加速度。

2.3.6 协作机器人与碰撞等级

协作机器人可在协作区域内与人直接进行交互，机器人与人之间不用围栏隔开。机器人与人之间存在的重叠空间称为协作空间，如图 2-17 所示。因此，要严格考虑机器人与人发生碰撞的可能，在发生碰撞时能及时停止，从而保证人机交互的安全性。协作机器人通过关节电机的电流或者在关节处安装力矩传感器以实时监测关节力矩的变化。当碰撞发生时，关节力矩会发生突变，从而通过电流变化或传感器感知到碰撞的发生，及时停止机器人。按照碰撞力的大小可以将碰撞分为 10 级，等级越高，碰撞检测后停止所需的力越小。

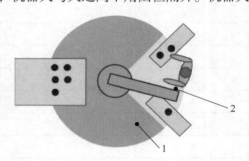

图 2-17 协作空间示例

2.4 实训：认识工业机器人的系统组成

2.4.1 工业机器人的认知与连接

1）认识工业机器人的三大组成部分和配件。认识本体、控制柜和示教盒的结构和接口。

2）通过线缆将工业机器人连接起来。注意连接机械臂和示教盒的电缆不同，接头有防呆设计，防止接错。

3）组装后，上电，开机。检查控制柜和示教盒，确保急停按钮处于松弛状态；将控制柜上的电源开关打向"ON"，为系统上电，如图 2-18 所示。等待片刻后，按下示教盒上的电源开关，如图 2-19 所示，启动机器人操作系统，此时开机按钮的指示灯亮起。开机画面如图 2-20 所示。

4）系统启动后，在弹出的如图 2-21 所示的初始界面上设置碰撞等级，设置完成后依次单击"保存"→"启动"按钮，进入操作界面，如图 2-22 所示。如果没有错误信息出现，说明机器人的连接正确。

电源开关

图2-18 系统上电图

开机按钮

图2-19 启动机器人操作系统图

图2-20 操作系统启动画面

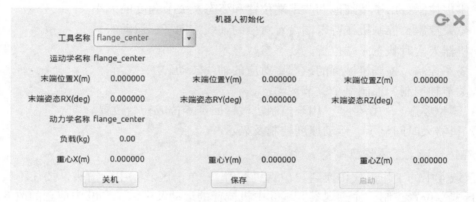

图2-21 初始界面

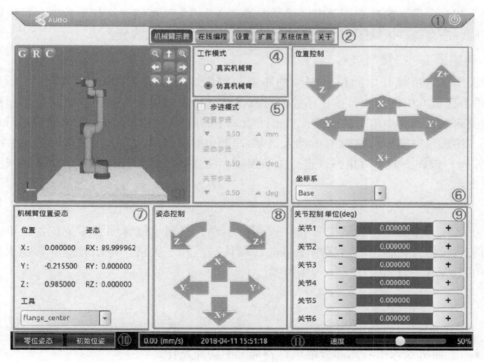

图2-22 操作界面

2.4.2　工业机器人的基本操作

1. 认识示教盒

如图2-22所示，示教盒的操作界面由11个部分组成，下面按顺序介绍每个区域部分的功能：

1）软件关闭按钮，用于关闭系统。

2）面板选择，用于选择不同的功能模块以进行相应的操作。

3）机器人3D（Three Dimensional）仿真界面，显示虚拟的机器人模型。

4）机器人仿真切换选项，勾选"工作模式"中的"仿真机械臂"选项时，在示教盒上的操作将不会作用于真实机械臂，而会控制3D仿真界面中的虚拟机械臂运动。

5）步进控制，用于精细地调节末端位置和姿态及关节角度的大小。

6）位置控制，控制机械臂末端沿着对应的轴线方向平移运动。

7）机器人实时状态末端位置、姿态参数显示。

8）姿态控制，控制机械臂的末端绕对应的轴线转动。

9）关节轴控制，控制每个关节运动。

10）零位姿态、初始位姿，用于控制机械臂回到零位或初始位置。

11）机器人时间显示、运动速度控制及显示。

2. 在仿真环境下操作机械臂

将区域④中的工作模式切换到"仿真机械臂"；单击区域⑥中的箭头，按住不放，对机械臂进行末端位置控制，注意观察区域③中机械臂的运动及区域⑦和⑨中信息的改变；单击区域⑧中的箭头，按住不放，对机械臂进行末端姿态控制，注意观察区域③中机械臂的运动及区域⑦和⑨中信息的改变；单击区域⑨中的"＋""－"按钮，按住不放，对机械臂进行关节控制，注意观察区域③中机械臂的运动及区域⑦中信息的改变。

3. 操作真实机械臂

确保学员与机械臂之间留有安全的距离；将区域④中的工作模式切换到"真实机械臂"；单击区域⑥中的箭头，按住不放，对机械臂进行末端位置控制，注意观察实际机械臂的运动及区域⑦和⑨中信息的改变；单击区域⑧中的箭头，按住不放，对机械臂进行末端姿态控制，注意观察实际机械臂的运动及区域⑦和⑨中信息的改变；单击区域⑨中的"＋""－"按钮，按住不放，对机械臂进行关节控制，注意观察实际机械臂的运动及区域⑦中信息的改变。

4. 回到零位位置，关机

按下区域⑩中的"零位姿态"按钮，保持不动，直到机械臂回到零位位置。单击区域①中的关机按钮，在弹出的对话框中单击"确认"按钮，关机。待示教盒屏幕熄灭后，将控制柜的电源开关打向"OFF"，关闭电源。

思考与练习

2.1　工业机器人由哪几部分组成？各部分的功能是什么？

2.2　工业机器人的典型结构有哪些？各适用于哪些领域？

2.3 串联机器人和并联机器人有什么区别？各有什么优缺点？

2.4 工业机器人的主要参数有哪些？各个参数的定义是什么？

2.5 什么是协作机器人？碰撞等级指什么？

2.6 协作机器人与一般工业机器人有什么区别？各有什么优缺点？

2.7 在运用机器人时需要考虑哪些方面的因素？为什么？

第3章 工业机器人的核心部件

 知识目标

✓ 熟知工业机器人的核心部件。
✓ 了解工业机器人常用电机的种类及其安装维护方法。
✓ 熟知工业机器人减速器的种类及其安装维护方法。
✓ 了解工业机器人控制器的结构。

 技能目标

✓ 能够拆装工业机器人关节并对其进行维护。
✓ 能够组装工业机器人的减速器并对其进行维护。
✓ 能够检修工业机器人的控制柜并对其进行维护。

3.1 三大核心零部件

工业机器人的三大核心零部件为电机、减速器和控制器。这三大件直接决定了工业机器人的性能，也是工业机器人的主要技术门槛。在目前工业机器人成本的构成中，电机占25%左右，减速器占35%左右，控制器占20%左右，机械加工占15%左右，剩下5%是其他方面的成本。可以说，掌握了这三大核心零部件的生产和研发能力，才算真正掌握了工业机器人。

我国工业机器人起步较晚，这三大核心零部件的技术水平均与国外存在明显差距。近年来，国内研究机构和厂商也在不断努力，以减小与国外的差距。从国内工业机器人市场来看，控制器已能实现自主生产，但在性能上与国际水平有一定差距。在电机和减速器方面，国内公司与国外竞争对手相比尚缺乏竞争力，技术差距较为明显，国产化率很低。

图3-1 伺服电机

工业机器人使用的电机通常是伺服电机（图3-1），能对位置和速度进行精确控制。伺服电机是工业机器人的动力系统，一般安装在机器人的"关节"处，是机器人运动的"心脏"，是影响机器人负载和运动特性的重要因素之一。机器人的关节驱动离不开伺服系统，关节越多，灵活性越大，所使用的伺服电机数量就越多。机器人对伺服系统的要求较高，必须满足响应快、起动转矩高、动转矩惯量比大、调速范围宽等特点，还要适应机器人的结构，做到体积小、重量轻等，并且需要高可靠性和稳定性。

电机在高转速下才能保证效率，输出轴的输出力矩通常很小，一般通过减速器对关节进行驱动。减速器的输入端与电机的输出端相连，其输出端用于驱动关节运动。通过减速器，电机能够保持高速运转状态，而机器人关节的转速降低到任务所需要的级别，并能对电机的输出力矩进行放大，满足负载要求。减速器的精度直接影响机器人的定位精度和重复定位精度。工业机器人要求减速器必须具有精度高、间隙小、噪声低、负载力大、耐冲击等特点，在结构尺寸和重量上同样需要体积小、重量轻、高可靠性和稳定性等条件。

控制器是机器人控制系统的核心大脑，是最终决定机器人功能和性能的主要因素。电机和减速器是机器人性能的基本保障条件，它们的性能越好，并不代表机器人的性能越好。机器人是多个关节组成的复杂系统，其性能需要关节的协调运动和控制来保证，这就需要控制器来实现。控制器的主要任务是控制工业机器人在工作空间中的运动位置、姿态和轨迹、操作顺序及动作的时间等。为了保证响应速度，通常需要对机器人进行重力补偿。此外，控制器需为外界操作提供交互界面。工业机器人要求控制器必须具有控制周期低、鲁棒性好、稳定可靠、安全防护性能好等特点，在软件交互方面具有界面友好、易操作等特点。

3.2　电机及其安装与维护

电机的种类很多，其常用分类有：①按工作电源种类可分为直流电机和交流电机；②按结构和工作原理可分为直流电动机、异步电动机、同步电动机；③按起动与运行方式可分为电容起动式单相异步电动机、电容运转式单相异步电动机、电容起动运转式单相异步电动机和分相式单相异步电动机；④按用途可分为驱动用电动机和控制用电动机；⑤按转子的结构可分为笼型感应电动机（在旧标准中称为鼠笼型异步电动机）和绕线转子感应电动机（在旧标准中称为绕线型异步电动机）。

3.2.1　直流伺服电机

直流伺服电机分为有刷直流电机和无刷直流电机两类，如图3-2所示。有刷直流电机主要由电机轴、换向器、线圈、永久磁铁和外壳等组成。有刷直流电机采用机械式的电刷作为换向器，对电流进行换向，其转子为线圈，定子为永久磁铁。无刷直流电机主要由电机轴、霍尔元件、线圈、永久磁铁和外壳等组成。与有刷电机不同，无刷直流电机通过霍尔元件控制电流的换向，采用永久磁铁作为转子，电枢则作为定子，这与有刷直流电机正好相反。

无刷直流电机优势较明显。由于有刷直流电机采用机械式换向开关，随着时间的推移，电刷会磨损，需要进行更换。另外，高速回转下电刷也会导致火花的产生，影响电机的转矩范围。无刷直流电机则没有此类问题，具有维护性好、功率密度高、控制容易、运行温度低、噪声小等优点，可用于各种环境，现在大多用的是无刷直流电机。无刷直流电机具有体积小、重量轻、响应快、速度高、惯量小、转动平滑和力矩稳定等特点，但电机的功率有局限，做不到很大，一般用于轻型或中型的工业机器人。

电机的基本原理是电流切割磁场线会产生力的作用，如图3-3所示。以单匝线圈为例，设磁场强度为B，电流为I，线圈的长度为l，则单侧导线受到的力为

$$F = BlI \tag{3-1}$$

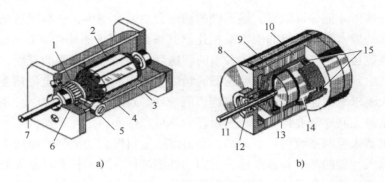

图 3-2　有刷直流电机和无刷直流电机

a）有刷直流电机　b）无刷直流电机

1—电枢连接　2—叠片电枢　3—永磁体定子　4—框架　5—刷子和刷架　6—换向器　7—传动轴　8—结束盘

9—定子绕组　10—定子　11—轴　12—滚珠轴承　13—永久磁铁转子　14—卷边支持　15—霍尔效应发电机

3.2.2　交流伺服电机

交流伺服电动机驱动器具有转矩转动惯量比高、无电刷及换向火花、维护性好、鲁棒性高、速度范围广、输出功率大等优点，在工业机器人中得到广泛应用，尤其在重载工业机器人领域应用得比较多。但其控制特性为非线性，控制比较困难，而且转子电阻大，存在损耗大、效率低等问题；与同容量直流伺服电动机相比，体积大、重量重。

图 3-4 所示为交流伺服电机的内部结构，主要分为定子和转子两部分。伺服电机内部的转子是永磁铁，驱动器控制的 U/V/W 三相电形成电磁场，转子在此磁场的作用下转动。同时电机自带的编码器反馈信号给驱动器，驱动器将反馈值与目标值比较后再调整转子转动的角度，因此伺服电机的精度决定于编码器的精度。

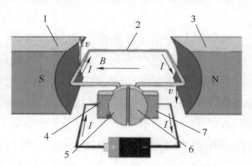

图 3-3　电机的工作原理

1—南极　2—电枢支架　3—北极

4/7—刷子　5/6—交换器段

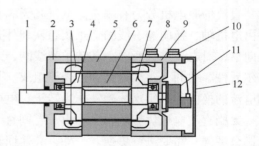

图 3-4　交流伺服电机的内部结构

1—电机轴　2—前端盖　3—三相绕组线圈

4—压板　5—定子　6—磁钢　7—后压板

8—动力线插头　9—后端盖　10—反馈插头

11—脉冲编码器　12—电机后盖

交流伺服电机的基本原理：三相绕组 U、V、W 之间的相位差为 120°，则各自的磁通 B 为

$$\begin{cases} B_U = B_M \sin\theta \\ B_V = B_M \sin(\theta + 120°) \\ B_W = B_M \sin(\theta + 240°) \end{cases} \tag{3-2}$$

给各绕组通电，电流 I 与磁通相位有相移 φ，于是三相绕组的电流分别为

$$\begin{cases} I_U = I_P \sin(\theta + \varphi) \\ I_V = I_P \sin(\theta + \varphi + 120°) \\ I_W = I_P \sin(\theta + \varphi + 240°) \end{cases} \tag{3-3}$$

电机产生的转矩为

$$T \propto B_U I_U + B_V I_V + B_W I_W = 1.5 B_M I_P \cos\varphi \tag{3-4}$$

式（3-4）表明，交流电机的转矩与电机磁通、电流成正比，严格控制电流就可得到与直流电机相同的特性。在交流电机高速运转情况下，电流的频率变快，即使相位滞后 φ 变大，只要速度不变，φ 就能保持一定，转矩就不会产生脉动，从而获得整个速度范围内的平滑运转。

直流电机受整流所限，高速重载运转比较困难，而交流电机不受此限制。直流电机的控制较为简单，电机通上电流后，转速与电压成正比，转矩变化平滑；而交流电机则要严格控制电流，特别是高速回转时要控制到高频。

3.2.3　步进电机

步进电机由电子线路驱动，如图 3-5 所示。步进电机以脉冲序列作为控制信号，每给一个脉冲，电机就旋转一定的角度，这个角度称为步距角。步距角决定了步进电机的控制精度。当用低频脉冲电流驱动步进电机时，电机将完成阶梯状运动。无载荷时电机的停止点称为稳定点，每转一周产生的稳定点数量称为步数。

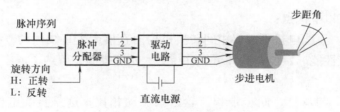

图 3-5　步进电机原理

步进电机的结构与同步电机相似，有单相或多相绕组。若步进电机的步数为 S，相数为 m，齿数为 N_r 时，则

$$S = m N_r \tag{3-5}$$

3.2.4　直线驱动器

1. 直线电机

直线电机的结构主要为定子、动子和直线运动的支撑轮三部分，如图 3-6 所示。为了保证在行程范围内定子和动子之间具有良好的电磁场耦合，定子和动子的铁心长度不等。定子可制成短定子和长定子两种形式。由于长定子结构成本高、运行费用高，所以很少采用。直

线电动机与旋转磁场一样，定子铁心由硅钢片叠成，表面开有齿槽，槽中嵌有三相、两相或单相绕组。单相直线异步电动机可制成罩极式，也可通过电容移相。

图3-6 直线电机

旋转电机的种类很多，按其作用分为发电机和电动机；按其电压性质分为直流电机和交流电机；按其结构分为同步电机和异步电机。异步电动机按其相数不同，可分为三相异步电动机和单相异步电动机；按其转子结构不同，又分为笼型和绕线转子型，其中笼型三相异步电动机因其结构简单、制造方便、价格便宜、运行可靠，在各种电动机中应用最广、需求量最大。

直线电机是将传统圆筒型旋转电机的初级展开拉直，变初级封闭磁场为开放磁场，而旋转电机的定子部分变为直线电机的初级，旋转电机的转子部分变为直线电机的次级。图3-7所示为旋转电机与直线电机的对比图，直线电机初级固定不动，其次级就能沿着行波磁场运动的方向作直线运动。

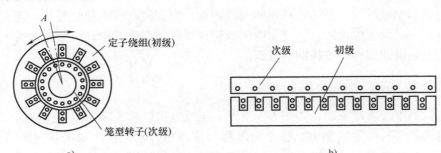

图3-7 直线电机与旋转电机的对比
a）旋转电机 b）直线电机

直线电机具有以下优点：

1）结构简单。直线电机不需要中间转换机构而直接产生直线运动，结构简化，运动惯量减少，动态响应性能、定位精度和可靠性得到大幅度提高，节约了成本，使制造和维护更加简便。

2）高加速度。与丝杠、同步带和齿轮齿条驱动相比，这是直线电机驱动的一个显著优势。

3）适合高速直线运动。由于无离心力约束，普通材料亦可达到较高的速度。如果初、次级间用气垫或磁垫保存间隙，则运动时无机械接触，因而运动部分无摩擦和噪声。

4）易于调节和控制。调节电压或频率，或更换次级材料，可得到不同的速度、电磁推力，适用于低速往复运行场合。

5）适应性强。直线电机的初级铁芯可用环氧树脂封成整体，具有较好的防腐、防潮性能，便于在潮湿、粉尘和有害气体的环境中使用，且可设计成多种结构形式，满足不同需求。

2. 液压/气压缸

液压缸或气压缸是另一种十分常见的直线驱动器。液压缸以液体为介质，主要用于高负载场合；气压缸则以气体为介质，适用于轻载场合。两者原理是相同的，在使用时都需要配置相应的液体或气体回路。

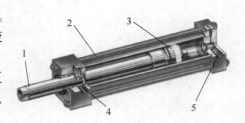

图 3-8　液压缸的结构
1—活塞杆　2—活塞筒　3—活塞
4—棒端端口　5—上限端端口

与电机相比，液压/气压缸的系统往往比较复杂。以液压缸为例，液压缸主要由活塞杆、活塞、缸体、进油口和出油口等组成，如图 3-8 所示。

液压系统的原理：①液体不可压缩；②液体的压强处处相等。根据这两条原理，对于如图 3-9 所示的液压系统，当无杆腔进油时，活塞的运动速度 v_1 和推力 F_1 分别为

$$v_1 = \frac{q}{A_1} \tag{3-6}$$

$$F_1 = p_1 A_1 - p_2 A_2 \tag{3-7}$$

式中，q 为进油口的流量；A_1 为活塞无杆一侧的表面积；A_2 为活塞有杆一侧的表面积（去除活塞杆截面积后的面积）；p_1 为进油口的压强；p_2 为出油口的压强。

当有杆腔进油时，活塞的运动速度 v_2 和推力 F_2 分别为

$$v_2 = \frac{q}{A_2} \tag{3-8}$$

$$F_2 = p_1 A_2 - p_2 A_1 \tag{3-9}$$

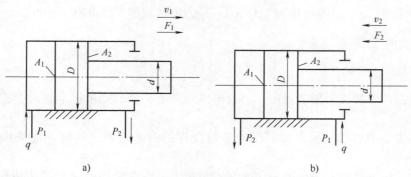

图 3-9　液压缸的工作原理
a）无杆腔进油　b）有杆腔进油

液压系统具有以下优点：
1）体积小，重量轻。
2）刚度大、精度高、响应快。
3）驱动力大，适用于重载直接驱动。
4）调速范围宽，速度控制方式多样。
5）自润滑、自冷却和长寿命。
6）易于实现安全保护。
其缺点也十分明显：
1）抗工作液污染能力差。
2）对温度变化敏感。

3）存在泄漏隐患。

4）制造难、成本高。

5）不适用于远距离传输且需液压能源。

3. 传动机构转换

另一种直线驱动器采用旋转电机驱动，通过传动机构将旋转运动转换为直线运动。通常采用的传动机构有齿轮齿条机构、丝杠机构。在机器人应用中，滚珠丝杠因其效率和精度高的优点被广泛应用。

滚珠丝杠主要由丝杠轴、钢球和螺母组成，如图 3-10 所示。螺母内部开有循环槽，用于钢珠的循环。滚珠丝杠的传动效率很高，能达到 90% 以上。除将旋转运动转换为直线运动，滚珠丝杠也可把直线运动转换为旋转运动，但前者的应用较多。

丝杠转速 N、丝杠导程 l 和进给速度 v 之间的关系为

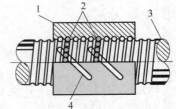

$$v = 60lN \tag{3-10}$$

式中，v 的单位为 m/s；l 的单位为 cm；N 的单位为 r/min。

图 3-10　滚珠丝杠的结构

1—螺母　2—球　3—螺丝钉　4—球回槽

当回转运动变换为直线运动时，轴向载荷 F 和驱动力矩 T 之间的关系为

$$F = \frac{2\pi T}{l} \eta \tag{3-11}$$

式中，F 的单位为 kgf；T 的单位为 kgf·cm；η 为传动效率（约 $0.9 \sim 0.95$）。

3.2.5　电机的安装与维护

1. 电机的安装

1）电机必须安装在平稳的底座上，若电机安装不平稳，则电机运转时会造成内部零件振动，进而受损。

2）电机传动中心轴线要对中，不能超过允许的误差范围，这样才能获得理想的传动效率。

3）在安装传动件时，使用螺栓压入，不可敲击，以免造成电机配件的损坏。在拆卸电机时也不能随意敲打，这点必须注意。

4）操作人员要经过专业培训，持证上岗后才能进行安装。

5）安装过程中逐步检查，确保安装正确、无误，最后检查密封连接件是否拧紧。确定无误后才可开始试运行。

2. 电机的维护保养

（1）起动前的检查

1）检查机器人关节外表有无损坏。

2）检查电源线、控制线是否连接可靠，接地线是否接触良好。

3）检查控制柜状态指示灯是否正常。

（2）起动后的检查

1）检查电动机的旋转方向。

2）检查电动机在起动和加速时有无异常声音和振动。

3）检查起动电流是否正常。

4）检查起动时间是否正常。

5）检查起动后的负载电流是否正常。

6）检查起动装置在起动过程中是否正常。

7）检查制动装置在制动过程中是否正常。

（3）运行中的检查和维护

1）电机运转是否正常，可从电机发出的声响、转速、温度、工作电流等现象进行判断。如运行中的电机发生漏电、转速突然降低、发生剧烈振动、有异常声响、过热冒烟或控制电器接点打火冒烟这类现象时，应立即断电停机检修。

2）倾听电机运转时发出的声音，如出现异常响声，说明轴承有问题，应及时更换，以免使轴承保持架损坏，造成转子与定子摩擦扫膛，烧毁电机定子绕组。

3）在平时巡察时，要经常检查电机是否存在过热现象，注意观察电机的运行状况，注意观测电机的振动、响声和气味是否异常。

3.3　减速器及其安装与维护

3.3.1　行星齿轮减速器

如图 3-11 所示，行星齿轮减速器主要分为三类：①S-C-P（K-H-V 行星齿轮变速箱）式减速器；②3S（3K 行星齿轮变速箱）式减速器；③2S-C（2K-H 行星齿轮变速箱）式减速器。

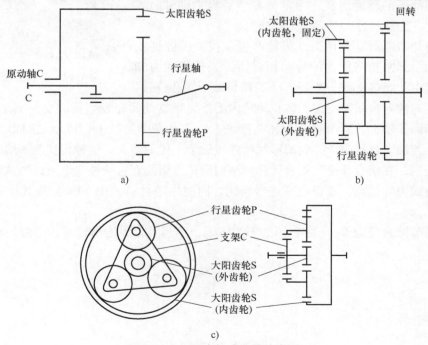

图 3-11　行星齿轮减速器的类型

a）S-C-P（K-H-V）式　b）3S（3K）式　c）2S-C（2K-H）式

S-C-P式减速器由太阳齿轮、行星齿轮和行星齿轮支架组成。行星齿轮的中心和太阳齿轮中心之间有一定偏距，仅部分齿轮参加啮合。曲柄轴与输入轴相连，行星齿轮绕太阳齿轮边公转边自转，类似行星绕恒星运动，故称为行星减速器。行星齿轮公转一周时，行星齿轮反向自转的转数取决于行星齿轮和太阳齿轮之间的齿数差，即与减速器的减速比有关。

行星齿轮为输出轴时的传动比 i 为

$$i = \frac{Z_S - Z_P}{Z_P} \tag{3-12}$$

式中，Z_S 为太阳齿轮（内齿轮）的齿数；Z_P 为行星齿轮的齿数。

3S式减速器的行星齿轮与两个太阳齿轮（内齿轮）同时啮合，还绕太阳齿轮（外齿轮）公转。两个太阳齿轮中，固定一个时另一个齿轮可以转动，并可与输出轴相连接。这种减速器的传动比取决于两个太阳齿轮的齿数差。

2S-C式行星齿轮减速器由两个太阳齿轮（外齿轮和内齿轮）、行星齿轮和支架组成。内齿轮和外齿轮之间夹着 2 ~ 4 个相同的行星齿轮，行星齿轮同时与外齿轮和内齿轮啮合，支架与各行星轮的中心相连接，行星齿轮公转时迫使支架绕中心轮轴转动。

3.3.2 谐波齿轮减速器

谐波齿轮减速器由三个基本构件组成：固定的内齿刚轮、柔轮和使柔轮发生径向变形的波发生器，如图3-12所示。固定刚轮是一个刚性的内齿轮，柔轮是一个容易变形的薄壁圆筒外齿轮，它们都具有三角形（或渐开线）的齿形，且两者的周节相等，但刚轮比柔轮多几个齿（通常为两齿）。波发生器由一个椭圆盘和一个柔性球轴承组成，或者由一个两端均带有滚子的转臂组成。通常波发生器为主动件，柔轮和刚轮之一为从动件，另一个为固定件。

谐波齿轮减速器是利用柔性齿轮产生可控制的弹性变形波，从而引起刚轮与柔轮的齿间相对错齿来传递动力和运动。在自由状态（无波发生器）下，两轮处于同心位置，

图 3-12　谐波齿轮减速器

而刚轮和柔轮的各齿间隙均匀。装在柔轮内的波发生器使柔轮发生径向变形而成为椭圆形。这时，在椭圆长轴上，齿沿整个工作高度啮合，而在椭圆短轴上，齿顶之间形成了径向间隙。在发生器旋转过程中，柔轮的形状始终接近于上述的形状。这种传动与一般的齿轮传递具有本质差别，在啮合理论、集合计算和结构设计方面具有特殊性。谐波齿轮减速器具有高精度、高负载力等优点，和普通减速器相比，因使用的材料减少50%，故其体积及重量至少减少1/3。

若刚轮节圆直径为 D_S，柔轮节圆直径为 D_F，则当柔轮为输出轴时，谐波齿轮的减速比 i 为

$$i = \frac{D_S - D_F}{D_F} \tag{3-13}$$

或

$$i = \frac{Z_S - Z_F}{Z_F} \tag{3-14}$$

式中，Z_S 为刚轮的齿数；Z_F 为柔轮的齿数。

3.3.3 RV 减速器

如图 3-13 所示，RV（Rotate Vector）减速器是二级减速器。第一级为直齿轮减速，两个直齿轮是行星轮，靠曲柄与第二级的差动齿轮减速机构相连，属于 S-C-P 式行星齿轮减速器。

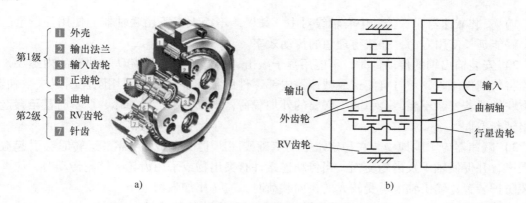

图 3-13 RV 减速器

a）RV 减速器的剖视图 b）RV 减速器的结构简图

其工作原理如下。输入轴输入的运动传给行星轮（直齿轮）完成一级减速，与曲柄轴相连的行星轮是第二级减速器的输入轴。RV 外齿轮支承在曲柄偏心处的滚动轴承上，当行星轮转动一周时，曲柄轴和 RV 齿轮被箱体内侧的滚针挤压，受其反作用力的影响，RV 齿轮逐齿向输入运动的反方向运动，RV 齿轮与输出轴相连（第二级减速），其第一级减速比为

$$i_1 = -\frac{Z_1}{Z_2}$$

式中，Z_1 为输入齿轮齿数；Z_2 为行星轮齿数（第一级输出齿轮齿数）；负号表示输入和输出轴的转动方向相反。则第二级减速比 i_2 为

$$i_2 = -\frac{Z_4 - Z_3}{Z_3 + 1} = -\frac{1}{Z_4} \tag{3-15}$$

式中，Z_3 为 RV 齿轮的齿数（外齿数）；Z_4 为滚针数（内齿数）。则总减速比 i 为

$$i = i_1 \cdot i_2 = \frac{Z_1}{Z_2} \cdot \frac{Z_4 - Z_3}{Z_3 + 1} = \frac{1}{1 + \frac{Z_2}{Z_1}Z_4} \tag{3-16}$$

RV 减速器具有的优点为：

1）结构紧凑，传动比范围大，可实现 $\frac{1}{57} \sim \frac{1}{192}$ 的减速比，在一定条件下有自锁功能。

2）扭转刚度大。输出机构是两端支承的行星架，用行星架左端的刚性大圆盘输出，大圆盘通过螺栓连接工作机构，其扭转刚度远大于一般摆线针轮行星减速器的输出机构。

3）只要设计合理，保证制造装配精度，就可获得高精度和小间隙回差。

4）振动小，噪声低，能耗低，传动效率高。

5）体积小。RV 减速器第一级为三个行星轮，第二级摆线针轮为硬齿面多齿啮合，它可用小的体积传递大的转矩，且传动机构置于行星架的支承主轴承内的结构设计使轴向尺寸大为缩小，因此传动总体积大幅度减小。

3.3.4　减速器的安装与维护

1. 减速器的安装

1）安装减速器时，传动中心轴线对中，其误差不得大于所用联轴器的使用补偿量。对中良好能延长使用寿命，并获得理想的传动效率。

2）安装输出轴的传动件时，不能用锤子敲击，通常利用装配夹具和轴端的内螺纹，用螺栓将传动件压入，敲打可能造成减速器内部零件的损坏。最好不采用刚性固定式联轴器，该类联轴器若安装不当，会引起不必要的外加载荷，造成轴承早期损坏，严重时甚至会造成输出轴断裂。

3）减速器应牢固地安装在稳定水平的基础或底座上。基础不可靠，运转时会引起振动及噪声，并促使轴承及齿轮受损。当传动连接件有突出物或采用齿轮、链轮传动时，应考虑加装防护装置；输出轴上承受较大的径向载荷时，应选用加强型。

4）按规定安装，保证工作人员安装方便，保障安装的准确性。安装就位后，应按次序全面检查安装位置的准确性及各紧固件压紧的可靠性，安装后应能灵活转动。减速器应采用规定的润滑油进行润滑，油位线的高度应符合设计规范。安装完成后，进行空载试运转，时间不得少于 2 小时。运转应平稳，无冲击、振动、杂音及渗漏油现象，发现异常应及时排除。

2. 减速器的日常维护

1）不同的润滑油禁止相互混合使用。

2）油位的检查。先切断电源，防止触电，等待减速器冷却；然后移去油位螺塞检查油是否充满，如果没充满，需要添加规定的润滑油；最后安装油位螺塞。

3）润滑油的检查。先切断电源，防止触电，等待减速器冷却；然后打开放油螺塞，取油样；再检查油的黏度指数，若油明显浑浊，建议尽快更换；最后安装放油螺塞。

4）润滑油的更换。冷却后油的黏度增大放油困难，减速器应在运行温度下换油。先切断电源，防止触电，等待减速器冷却后无燃烧危险为止，换油时减速器仍保持温热；然后在放油螺塞下面放一个接油盘，打开油位螺塞、通气器和放油螺塞；再将油全部排除，装上放油螺塞，注入同牌号的新油；注意油量应与安装位置一致，在油位螺塞处检查油位；最后拧紧油位螺塞及通气器。

3.4　控制系统

工业机器人控制系统（图 3-14）主要是控制机器人在工作空间中的运动位置、姿态和轨迹、操作顺序及动作的时间等。它具有编程简单、软件菜单操作、人机交互界面友好、在线操作提示和使用方便等特点。工业机器人通常有多个关节，控制器如何精确控制各个伺服电机最为关键。控制器主要包括硬件和软件两部分：硬件部分是工业控制板卡，包括主控单元和部分信号处理电路；软件部分主要是控制算法、二次扩展开发等。

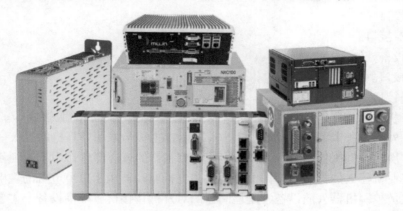

图 3-14　工业机器人控制系统

3.4.1　控制系统组成

工业机器人控制系统的基本组成（图 3-15）：

1）控制计算机。

2）示教盒。

3）操作面板。

4）轴控制器。

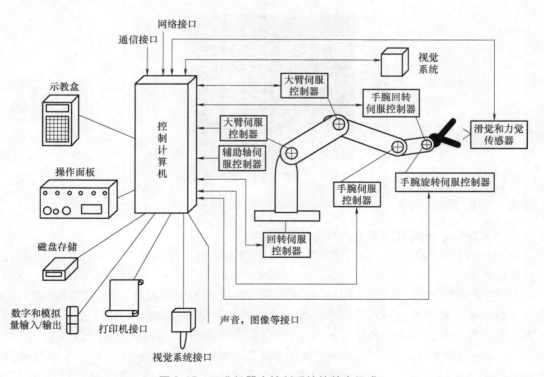

图 3-15　工业机器人控制系统的基本组成

5）数字和模拟量输入输出。

6）存储接口。

7）传感器接口。

8）辅助设备控制。

9）通信接口。

10）网络接口。

以 AUBO 机器人控制器硬件为例，其核心硬件主要由主板、伺服控制卡、电源模块和电机驱动器、外围设备卡等组成。如图 3-16a 所示，主板与家用计算机的主板一样，但更强调稳定性和扩展性。伺服控制卡（图 3-16b）是控制器的核心部件，用于控制各个电机的运动，决定了工业机器人的控制精度。电源模块和电机驱动器用于单个电机的供电和驱动。示教盒是操作人员控制机器人的设备，是控制器的对外操作接口。外围设备卡主要用于提供各种外设接口，方便手爪、相机等外围设备的接入。图 3-16c 为过程现场总线（Profibus）卡。

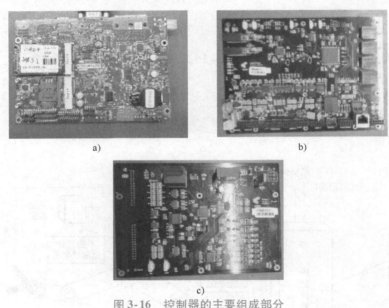

a)　　　　　　　　　　　　b)

c)

图 3-16　控制器的主要组成部分

a）主板　b）伺服控制卡　c）过程现场总线卡

3.4.2　控制系统分类

机器人控制系统按其控制方式可分为三类：

1）集中控制方式。用一台计算机实现全部控制功能，结构简单，成本低，但实时性差，难以扩展。

2）主从控制方式。采用主、从两级处理器实现系统的全部控制功能。主处理器实现管理、坐标变换、轨迹生成和系统自诊断等；从处理器实现所有关节的动作控制。主从控制方式系统实时性较好，适用于高精度、高速度控制，但其系统扩展性较差，维修困难。

3）分散控制方式。按系统的性质和方式将系统控制分成几个模块，每一个模块各有不同的控制任务和控制策略，各模块之间可以是主从关系，也可以是平等关系。这种方式实时性好，易于实现高精度、高速度控制，易于扩展，可实现智能控制，是目前流行的方式。

控制器是机器人系统的核心，国外有关公司对我国实行严密技术封锁，国内技术发展受到限制，近年来随着微电子技术的发展，微处理器的性能越来越高，价格越来越便宜，高性价比的微处理器为工业机器人控制器带来了新的发展机遇，使开发低成本、高性能的工业机器人控制器成为可能。为了保证系统具有足够的计算与存储能力，目前工业机器人控制器多采用计算能力较强的 intel 系列、DSP 系列、PowerPC 系列、ARM 系列等芯片组成。

国内外一线品牌大多采用 x86 架构的硬件芯片，并采用实时操作系统构造底层软件，其控制系统实现方案见表 3-1。

表 3-1　国内外主要品牌硬件方案

厂家品牌	硬件架构	操作系统
ABB	x86	VxWorks
KUKA	x86	VxWorks + Windows
KEBA	x86	VxWorks
B&R	x86	Windows 10/B&R Linux 9
固高	x86	Windows CE
AUBO	x86 + ARM	RT Linux

主要控制器生产企业及代表产品见表 3-2。

表 3-2　主要企业控制器系统

国外企业	主要控制器系列	国内企业	主要控制器系列
KUKA	KR C4	广州数控	GSK- RC
ABB	IRC5	沈阳新松	SIASUN- GRC
YASKAWA	DX、MA、MP 系列	华中数控	CCR 系列
FANUC	R- J3/iC/iB 系列、RobotR-30iA	众为兴	ADT- RCA4E*、ADT- TS3100
STAUBLI	CS8	固高科技	GUC 系列、Marvie
COMAU	C4G	汇川技术	IMC100
KEBA	Kemotion	卡普诺	CRP-S40/80

3.5　模块化关节

模块化是根据不同机器人的种类和不同的实验任务及工程要求，按照相关原则把机器人结构上划分出各个独立功能的模块，结合特定场合或特定任务用不同的模块组装不同的机器人结构。机器人不同的结构构型直接关系到机器人工作能力强度的高低和性能的优劣，机器人关节是机器人的关键部件，关节设计的好坏直接影响到机器人整体性能。为了提高工业机器人的集成度，降低生产和维护成本，很多机器人厂商（尤其是协作机器人）均采用模块化关节搭建本体。现有的机器人关节，主要应用在工业机器人领域，体积大、重量重、负载自重比比较小，不能实现与人类协同工作，维护成本高。模块化关节即关节以模块的形式出现，每个机器人采用几个类型的关节。

采用模块化关节，其优势有：

1）重构性。通常关节的类型数小于机器人的关节数，不对每个关节进行单独设计。通过关节的不同组合，可获得不同构型的机器人。

2）生产装配维修方便，降低成本。关节模块化后，可整体装配和维修，如维修时只需将受损的关节整体替换，大大降低机器人的维护难度和成本。

3）生产灵活性好。模块化关节可批量生产，从而显著降低生产成本。

科尔摩根的模块化关节是最具代表性的模块化关节产品（图3-17）。该产品适用于有效负载为10kg以内的协作机器人及轻型机器人，其开创性的高度集成化设计和卓越可靠的性能，使机器人的开发变得简单、快捷和安全，有助于机器人厂商加快产品上市，并制造出真正有竞争力和差异化的机器人。机器人厂商还可根据不同的轴数和运动要求，在科尔摩根的模块化关节选型工具上轻松挑选出合适的机器人关节模组。科尔摩根的模块化关节内部结构如图3-18所示，主要由电机、减速器、制动器、编码器、驱动器和外壳等组成，其安装快速简单，通常两个工程师在半天内即可完成，并可配合众多主流机器人控制器使用，通用性好。

图 3-17　科尔摩根模块化关节

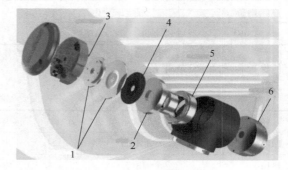

图 3-18　科尔摩根模块化关节的结构

1—输出端编码器　2—制动器　3—低压直流驱动器
4—输入端编码器　5—无框力矩电机　6—定制谐波减速器

3.6　实训：认识 AUBO 机器人的核心部件

3.6.1　认识 AUBO 机器人的模块化关节

1）分解图3-19所示的 AUBO 机器人一体化关节，指出哪部分是电机，哪部分是刹车，哪部分是编码器，哪部分是减速器。

2）对电路部分进行测试和检修，并给减速器添加润滑油。

3）按照装配图，完成模块化关节的组装。

3.6.2　认识 AUBO 机器人的控制器

1）认识控制柜的外部接口。AUBO- i5 控制柜外观如图3-20所示。

图 3-19　AUBO 机器人
一体化关节

2）用螺丝刀打开机柜，查看控制器的内部结构（图3-21），指出哪部分是电源模块，哪部分是主板，哪部分是运动控制卡等。

3）拆解控制柜，对每部分进行检测，并用无水酒精进行清洗，擦去灰尘。

4）按照控制柜内部结构的实物图，将控制柜重新组装起来。

图3-20　AUBO-i5控制柜外观

图3-21　控制柜的结构

思考与练习

3.1　工业机器人的核心部件有哪些？各自的技术难点是什么？

3.2　简述交流伺服电机、直流伺服电机和步进电机的优缺点。

3.3　工业机器人的减速器有哪些？

3.4　简述RV减速器和谐波减速器的优缺点。

3.5　工业机器人电机组装和维护的注意事项有哪些？

3.6　模块化关节由哪几部分组成？

3.7　模块化关节的优缺点是什么？

第4章 工业机器人的运动学

4.1 刚体位姿的描述

刚体是指在运动中或受到力的作用后，形状和大小不变，即内部各质点的相对位置不变的物体。在三维空间中，刚体有 6 个自由度，包括沿 3 个轴线方向的平移运动和绕 3 个轴线的旋转运动。为描述刚体的位置和姿态（简称位姿），通常在刚体上固连一个随体坐标系 $O'x'y'z'$，通过该随体坐标系相对于参考坐标系 $Oxyz$ 的位姿来表示刚体在三维空间中的位姿，如图 4-1 所示。

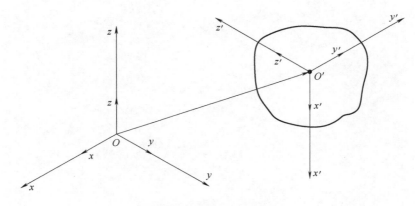

图 4-1　刚体位姿的描述

在图 4-1 中，刚体的位置为随体坐标系原点 O' 在参考坐标系 $Oxyz$ 中的位置向量，即有

$$^{O}\boldsymbol{p} = \begin{pmatrix} p_x \\ p_y \\ p_z \end{pmatrix} \tag{4-1}$$

式中，$^{O}\boldsymbol{p}$ 的左侧上标表示某点在坐标系 $Oxyz$ 中的位置；p_x、p_y、p_z 为三个坐标分量。

刚体的姿态可用一个 3×3 的矩阵来表示，即

$$_{O'}^{O}\boldsymbol{R} = (\boldsymbol{n} \quad \boldsymbol{o} \quad \boldsymbol{a}) = \begin{pmatrix} n_1 & o_1 & a_1 \\ n_2 & o_2 & a_2 \\ n_3 & o_3 & a_3 \end{pmatrix} \tag{4-2}$$

式中，$_{O'}^{O}\boldsymbol{R}$ 称为旋转矩阵，左侧上下标表示坐标系 $O'x'y'z'$ 相对于 $Oxyz$ 的姿态矩阵；$\boldsymbol{n}$、$\boldsymbol{o}$ 和 $\boldsymbol{a}$ 分别为坐标系 $O'x'y'z'$ 的 x、y 和 z 轴相对于坐标系 $Oxyz$ 的方向向量。

旋转矩阵 $_{O'}^{O}\boldsymbol{R}$ 的三个列向量 $\boldsymbol{n}$、$\boldsymbol{o}$ 和 $\boldsymbol{a}$ 均为单位向量，且它们两两相互垂直，所以旋转矩阵中的 9 个元素需要满足 6 个约束条件

$$\begin{cases} \boldsymbol{n} \cdot \boldsymbol{n} = \boldsymbol{o} \cdot \boldsymbol{o} = \boldsymbol{a} \cdot \boldsymbol{a} = 1 \\ \boldsymbol{n} \cdot \boldsymbol{o} = \boldsymbol{o} \cdot \boldsymbol{a} = \boldsymbol{a} \cdot \boldsymbol{n} = 0 \end{cases} \tag{4-3}$$

因此旋转矩阵 $_{O'}^{O}\boldsymbol{R}$ 是单位正交阵，它的逆与转置相同，并且行列式为 1，即

$$_{O'}^{O}\boldsymbol{R}^{-1} = {}_{O'}^{O}\boldsymbol{R}^{\mathrm{T}}, \quad \left| {}_{O'}^{O}\boldsymbol{R} \right| = 1 \tag{4-4}$$

为方便位姿的表达，可将位置和姿态放在一起，得到 4×4 的齐次矩阵

$$_{O'}^{O}\boldsymbol{T} = \begin{pmatrix} _{O'}^{O}\boldsymbol{R} & ^{O}\boldsymbol{P} \\ \boldsymbol{0}_{1 \times 3} & 1 \end{pmatrix} \tag{4-5}$$

式中，$_{O'}^{O}\boldsymbol{T}$ 称为刚体的位姿矩阵。

4.2 姿态的不同表达方法

刚体的姿态只有 3 个自由度，但旋转矩阵用 9 个参数对其进行表达。实际上，旋转矩阵使用了过多参数表达，在计算机计算时存在数据存储占用空间过大的问题。虽然现在计算机的内存很大，已经不存在内存空间不足的情况，但是在机器人发展早期，控制器采用的是单片机，在当时这是一个很大的问题。旋转矩阵的另一个缺点是 9 个参数需要满足约束条件，输入参数比较烦琐，并且参数不直观，无法指明旋转轴线和转动角度。为简化姿态的表达，可采用其他方法，典型的如 ZYZ 欧拉角、RPY 欧拉角、轴线-转角和单位四元数等。

4.2.1 ZYZ 欧拉角

如图 4-2 所示，ZYZ 欧拉角是通过顺序绕三个坐标轴转动的转动角来表达姿态矩阵，其顺序为：

1）绕 z 轴转动参考坐标系一定的角度 φ，该转动用 $\boldsymbol{R}_z(\varphi)$ 表示，转动后得到一个新的坐标系。

2）绕第一步得到的新坐标系的 y 轴转动该坐标系一定的角度 θ，该转动用 $\boldsymbol{R}_{y'}(\theta)$ 表示，转动后又得到一个新的坐标系。

3）绕第二步得到的新坐标系的 z 轴转动该坐标系一定的角度 ψ，该转动用 $\boldsymbol{R}_{z''}(\psi)$ 表示，得到最后的坐标系。

顺序执行这 3 个转动，得到的坐标系相对于原坐标系的位姿矩为

$$\boldsymbol{R} = \boldsymbol{R}_z(\varphi)\boldsymbol{R}_{y'}(\theta)\boldsymbol{R}_{z''}(\psi)$$

定义

$$\boldsymbol{R}_z(\varphi) = \begin{pmatrix} c(\varphi) & -s(\varphi) & 0 \\ s(\varphi) & c(\varphi) & 0 \\ 0 & 0 & 1 \end{pmatrix}, \boldsymbol{R}_{y'}(\theta) = \begin{pmatrix} c(\theta) & 0 & s(\theta) \\ 0 & 1 & 0 \\ -s(\theta) & 0 & c(\theta) \end{pmatrix}, \boldsymbol{R}_{z''}(\psi) = \begin{pmatrix} c(\psi) & -s(\psi) & 0 \\ s(\psi) & c(\psi) & 0 \\ 0 & 0 & 1 \end{pmatrix}$$

有

$$\boldsymbol{R} = \begin{pmatrix} c(\varphi)c(\theta)c(\psi) - s(\varphi)s(\psi) & -c(\varphi)c(\theta)s(\psi) - s(\varphi)c(\psi) & c(\varphi)s(\theta) \\ s(\varphi)c(\theta)c(\psi) + c(\varphi)s(\psi) & -s(\varphi)c(\theta)s(\psi) + c(\varphi)c(\psi) & s(\varphi)s(\theta) \\ -s(\theta)c(\psi) & s(\theta)s(\psi) & c(\theta) \end{pmatrix} \tag{4-6}$$

式中，$c(\varphi)$ 为 $\cos(\varphi)$ 的简写，$s(\varphi)$ 为 $\sin(\varphi)$ 的简写，其他及下文类似。式（4-6）表明可通过 3 个角度 $\boldsymbol{\xi} = \begin{bmatrix} \varphi & \theta & \psi \end{bmatrix}^{\mathrm{T}}$ 对旋转矩阵进行表达。

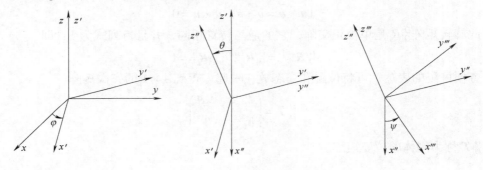

图 4-2　ZYZ 欧拉角

从旋转矩阵也可反求出对应的欧拉角。设旋转矩阵 $\boldsymbol{R}$ 为

$$\boldsymbol{R} = \begin{pmatrix} r_{11} & r_{12} & r_{13} \\ r_{21} & r_{22} & r_{23} \\ r_{31} & r_{32} & r_{33} \end{pmatrix} \tag{4-7}$$

根据式（4-6），可选择特定的元素求出欧拉角的每个角度值，即

$$\begin{cases} \varphi = \arctan(r_{23}, r_{13}) \\ \theta = \arctan\left(\sqrt{r_{13}^2 + r_{23}^2}, r_{33}\right) \\ \psi = \arctan(r_{32}, -r_{31}) \end{cases} \tag{4-8}$$

式（4-8）采用 $\sqrt{r_{13}^2 + r_{23}^2}$ 将 θ 限制在 $[0, \pi]$，也可采用 $-\sqrt{r_{13}^2 + r_{23}^2}$ 得到另一组在 $[-\pi, 0]$ 内的解，即

$$\theta = \arctan\left(-\sqrt{r_{13}^2 + r_{23}^2}, r_{33}\right) \tag{4-9}$$

4.2.2　RPY 欧拉角

RPY（Roll Pitch Yaw）欧拉角是另一种常用的表达姿态的方式。它从航空领域引进，用

于描述飞行器姿态的变化，如图4-3所示。它是一种相对于随体坐标系的表达方法，绕x轴的转动称为滚转Roll(ψ)，绕y轴的转动称为俯仰Pitch(θ)，绕z轴的转动称为偏航Yaw(φ)，因此称为RPY欧拉角。按照ZYZ欧拉角的定义，它又可称为XYZ欧拉角，也是顺序绕3个轴线转动得到，只是这3个轴线的选择不同。

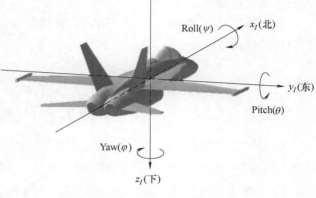

图4-3　RPY欧拉角

RPY欧拉角的转动顺序为：

1）绕x轴转动参考坐标系一定的角度ψ，该转动用$\boldsymbol{R}_x(\psi)$表示。

2）绕y轴转动一定的角度θ，该转动用$\boldsymbol{R}_y(\theta)$表示。

3）绕z轴转动一定的角度φ，该转动用$\boldsymbol{R}_z(\varphi)$表示。

顺序执行这3个转动，得到位姿矩阵$\boldsymbol{R} = \boldsymbol{R}_z(\varphi)\boldsymbol{R}_y(\theta)\boldsymbol{R}_x(\psi)$

定义

$$\boldsymbol{R}_x(\psi) = \begin{pmatrix} 1 & 0 & 0 \\ 0 & c(\psi) & -s(\psi) \\ 0 & s(\psi) & c(\psi) \end{pmatrix}, \boldsymbol{R}_y(\theta) = \begin{pmatrix} c(\theta) & 0 & -s(\theta) \\ 0 & 1 & 0 \\ s(\theta) & 0 & c(\theta) \end{pmatrix}, \boldsymbol{R}_z(\varphi) = \begin{pmatrix} c(\varphi) & -s(\varphi) & 0 \\ s(\varphi) & c(\varphi) & 0 \\ 0 & 0 & 1 \end{pmatrix}$$

有

$$\boldsymbol{R} = \begin{pmatrix} c(\varphi)c(\theta) & -c(\varphi)s(\theta)s(\psi) - s(\varphi)c(\psi) & -c(\varphi)s(\theta)c(\psi) + s(\varphi)s(\psi) \\ s(\varphi)c(\theta) & -s(\varphi)s(\theta)s(\psi) + c(\varphi)c(\psi) & -s(\varphi)s(\theta)c(\psi) - c(\varphi)s(\psi) \\ s(\theta) & c(\theta)s(\psi) & c(\theta)c(\psi) \end{pmatrix} \quad (4\text{-}10)$$

类似式（4-8），可得到旋转矩阵对应的RPY欧拉角为

$$\begin{cases} \varphi = \arctan(r_{21}, r_{11}) \\ \theta = \arctan(-r_{31}, \sqrt{r_{32}^2 + r_{33}^2}) \\ \psi = \arctan(r_{32}, r_{33}) \end{cases} \quad (4\text{-}11)$$

需指出的是，采用欧拉角描述姿态存在奇异问题。欧拉角是通过绕3个轴线的顺序转动得到旋转矩阵的，当第一个转轴与第三个转轴共线时，此时这2个角有无穷多组组合，即欧拉角是奇异的。欧拉角的奇异容易导致工业机器人运动的突变，在实际应用中需要格外注意。

4.2.3　轴线-转角

为了避免欧拉角奇异问题，可使用4个参数来表示姿态。轴线-转角是其中一种表示方法，1个参数表示转动的角度，另3个参数表示轴线的方向。事实

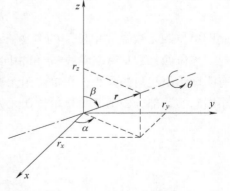

图4-4　轴线-转角表示法

上，对任意姿态，都可绕某一固定轴线转动一定角度得到，如图 4-4 所示，这也是轴线-转角表示法的物理意义。

若姿态用轴线-转角（θ，$\boldsymbol{r}$）表示，转动角度 θ 为标量，$\boldsymbol{r}$ 为轴线方向的单位向量，则其对应的旋转矩阵为

$$\boldsymbol{R} = \boldsymbol{I}_3 + \begin{pmatrix} 0 & -r_z & r_y \\ r_z & 0 & -r_x \\ -r_y & r_x & 0 \end{pmatrix} \mathrm{s}(\theta) + \begin{pmatrix} 0 & -r_z & r_y \\ r_z & 0 & -r_x \\ -r_y & r_x & 0 \end{pmatrix}^2 \mathrm{c}(\theta)$$

$$= \begin{pmatrix} r_x^2(1-\mathrm{c}(\theta))+\mathrm{c}(\theta) & r_xr_y(1-\mathrm{c}(\theta))-r_z\mathrm{c}(\theta) & r_xr_z(1-\mathrm{c}(\theta))+r_y\mathrm{c}(\theta) \\ r_xr_y(1-\mathrm{c}(\theta))+r_z\mathrm{c}(\theta) & r_y^2(1-\mathrm{c}(\theta))+\mathrm{c}(\theta) & r_yr_z(1-\mathrm{c}(\theta))-r_x\mathrm{c}(\theta) \\ r_xr_z(1-\mathrm{c}(\theta))-r_y\mathrm{c}(\theta) & r_yr_z(1-\mathrm{c}(\theta))+r_x\mathrm{c}(\theta) & r_z^2(1-\mathrm{c}(\theta))+\mathrm{c}(\theta) \end{pmatrix} \tag{4-12}$$

式中，$\boldsymbol{I}_3$ 为 3×3 单位阵。

反过来，给定旋转矩阵 $\boldsymbol{R}$，则对应的轴线 $\boldsymbol{r}$ 和转角 θ 为

$$\begin{cases} \theta = \arccos\left(\dfrac{r_{11}+r_{22}+r_{33}-1}{2}\right) \\ \boldsymbol{r} = \dfrac{1}{2\mathrm{c}(\theta)}\begin{pmatrix} r_{32}-r_{23} \\ r_{13}-r_{31} \\ r_{21}-r_{12} \end{pmatrix} \end{cases} \tag{4-13}$$

式中，转动角度 θ 的范围为 $[0, \pi]$。

在实际应用中，可将（θ，$\boldsymbol{r}$）合写为一个三维向量 $\theta\boldsymbol{r}$ 的指数坐标，此时该向量的模为转动角度。与欧拉角通过绕 3 个坐标轴线顺序转动不同，采用轴线-转角表示法能让刚体绕固定轴线转动，有利于对末端工具的状态进行预测。因此，轴线-转角表示法常用于机器人的运动规划。

4.2.4　单位四元数

另一种采用 4 个参数表达姿态的方法是单位四元数。它由实数部分和向量部分组成

$$Q = \{\eta, \boldsymbol{\varepsilon}\} \tag{4-14}$$

式中，η 为四元数的实数部分；$\boldsymbol{\varepsilon}$ 为四元数的三维向量部分，两者满足

$$\eta^2 + \varepsilon_x^2 + \varepsilon_y^2 + \varepsilon_z^2 = 1 \tag{4-15}$$

此即单位四元数中"单位"的含义。

单位四元数具有与轴线-转角相同的物理意义，指绕某一轴线转动一定的角度，但它没有明确给出转角的大小。在单位四元数中，轴线的方向即向量部分 $\boldsymbol{\varepsilon}$ 所指的方向，转角的大小则与实数部分的值有关。单位四元数与轴线-转角（θ，$\boldsymbol{r}$）的关系为

$$\begin{cases} \eta = \cos\dfrac{\theta}{2} \\ \boldsymbol{\varepsilon} = \sin\dfrac{\theta}{2}\boldsymbol{r} \end{cases} \tag{4-16}$$

单位四元数与旋转矩阵的关系为

$$R(\eta, \varepsilon) = \begin{pmatrix} 2(\eta^2 + \varepsilon_x^2) - 1 & 2(\varepsilon_x\varepsilon_y - \eta\varepsilon_z) & 2(\varepsilon_x\varepsilon_z + \eta\varepsilon_y) \\ 2(\varepsilon_x\varepsilon_y + \eta\varepsilon_z) & 2(\eta^2 + \varepsilon_y^2) - 1 & 2(\varepsilon_y\varepsilon_z - \eta\varepsilon_x) \\ 2(\varepsilon_x\varepsilon_z - \eta\varepsilon_y) & 2(\varepsilon_y\varepsilon_z + \eta\varepsilon_x) & 2(\eta^2 + \varepsilon_z^2) - 1 \end{pmatrix} \tag{4-17}$$

已知旋转矩阵 R，同样可反求出对应的单位四元数，则有

$$\begin{cases} \eta = \dfrac{1}{2}\sqrt{r_{11} + r_{22} + r_{33} + 1} \\ \varepsilon = \dfrac{1}{2}\begin{pmatrix} \text{sign}(r_{32} - r_{23})\sqrt{r_{11} - r_{22} - r_{33} + 1} \\ \text{sign}(r_{13} - r_{31})\sqrt{r_{22} - r_{33} - r_{11} + 1} \\ \text{sign}(r_{21} - r_{12})\sqrt{r_{33} - r_{11} - r_{22} + 1} \end{pmatrix} \end{cases} \tag{4-18}$$

式中，sign 为符号函数。当 $x \geq 0$ 时，$\text{sign}(x) = 1$；当 $x < 0$ 时，$\text{sign}(x) = -1$。这里 $\eta \geq 0$，即 η 的范围为 $[-\pi, \pi]$。

较于轴线-转角表示法，单位四元数有可定义单位四元数运算的优点，从而有利于对姿态进行变换。单位四元数的逆为

$$Q^{-1} = \{\eta, -\varepsilon\} \tag{4-19}$$

两个单位四元数的乘积还是一个单位四元数，它们的乘积定义为

$$Q_1 * Q_2 = \{\eta_1\eta_2 - \varepsilon_1 \cdot \varepsilon_2, \eta_1\varepsilon_2 + \eta_2\varepsilon_1 + \varepsilon_1 \times \varepsilon_2\} \tag{4-20}$$

单位四元数的乘法可表达旋转变换的传递性。若 $_C^A Q$ 为坐标系 $\{C\}$ 相对于坐标系 $\{A\}$ 的姿态，$_B^A Q$ 为坐标系 $\{B\}$ 相对于坐标系 $\{A\}$ 的姿态，$_C^B Q$ 为坐标系 $\{C\}$ 相对于坐标系 $\{B\}$ 的姿态，则有

$$_C^A Q = {_B^A Q} * {_C^B Q} \tag{4-21}$$

4.3 位姿的变换

在工业机器人的应用中，不可避免地会遇到很多位姿变换情形。如，关节转动带来末端位姿变化，工作台上的工件相对机械臂末端的位姿等。

4.3.1 平移变换

平移变换只影响位置，不影响姿态，如图 4-5 所示。图中坐标系 $\{B\}$ 为原来与坐标系 $\{A\}$ 重合的位置平移后的新位置，其姿态保持不变。假设一个点原来的位置为 $^B p$，平移向量为 $_B^A p$，则平移后该点的位置为

$$^A p = {_B^A p} + {^B p} \tag{4-22}$$

需要注意的是左侧上标表示位置坐标在该参考系中表达。

4.3.2 旋转变换

旋转变换除了影响姿态外，还会影响位置，如图 4-6 所示。图中坐标系 $\{B\}$ 为原来与坐标系 $\{A\}$ 重合的位置转动后的新位置，其原点保持不变，姿态变为 $_B^A R$。假设一个点原来的位置为 $^B p$，则转动后该点的位置为

$$^A\boldsymbol{p} = {}^A_B\boldsymbol{R}\,{}^B\boldsymbol{p} \tag{4-23}$$

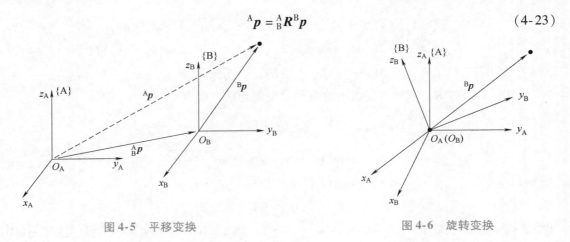

图 4-5 平移变换　　　　　　　　　　图 4-6 旋转变换

三个基本的旋转变换是绕 3 个坐标轴线的旋转,这与 4.2.1 节和 4.2.2 节中欧拉角的转动相同,即

$$\boldsymbol{R}_x(\theta) = \begin{pmatrix} 1 & 0 & 0 \\ 0 & \text{c}(\theta) & -\text{s}(\theta) \\ 0 & \text{s}(\theta) & \text{c}(\theta) \end{pmatrix},\ \boldsymbol{R}_y(\theta) = \begin{pmatrix} \text{c}(\theta) & 0 & \text{s}(\theta) \\ 0 & 1 & 0 \\ -\text{s}(\theta) & 0 & \text{c}(\theta) \end{pmatrix},$$

$$\boldsymbol{R}_z(\theta) = \begin{pmatrix} \text{c}(\theta) & -\text{s}(\theta) & 0 \\ \text{s}(\theta) & \text{c}(\theta) & 0 \\ 0 & 0 & 1 \end{pmatrix} \tag{4-24}$$

4.3.3 齐次变换

最一般的情形是同时具有平移和转动,如图 4-7 所示。坐标系 {B} 为原来与坐标系 {A} 重合的位置变换后的新位置,平移向量为 ${}^A_B\boldsymbol{p}$,旋转矩阵为 ${}^A_B\boldsymbol{R}$。假设一个点原来的位置为 ${}^B\boldsymbol{p}$,则平移和转动后该点的位置为

$$^A\boldsymbol{p} = {}^A_B\boldsymbol{p} + {}^A_B\boldsymbol{R}\,{}^B\boldsymbol{p} \tag{4-25}$$

为方便表述,可写成齐次的形式,即

$$\begin{pmatrix} ^A\boldsymbol{p} \\ 1 \end{pmatrix} = \begin{pmatrix} {}^A_B\boldsymbol{p} & {}^A_B\boldsymbol{p} \\ 0_{1\times 3} & 1 \end{pmatrix} \begin{pmatrix} ^B\boldsymbol{p} \\ 1 \end{pmatrix} = {}^A_B\boldsymbol{T} \begin{pmatrix} ^B\boldsymbol{p} \\ 1 \end{pmatrix} \tag{4-26}$$

式中,${}^A_B\boldsymbol{T}$ 称为齐次变换矩阵,包含平移和旋转。

与式(4-5)比较,可看出位姿矩阵和齐次变换矩阵一样。其区别是位姿矩阵描述刚体的状态,而变换矩阵表达刚体的运动,本质不同。但是,刚体的位姿可看作由与参考坐标系重合的位置变换过去得到,即刚体原来的位姿矩阵为 4×4 的单位阵 $\boldsymbol{I}_4$,经过 ${}^A_B\boldsymbol{T}$ 变换后,到达新的位姿,有

$$^A_B\boldsymbol{T} = {}^A_B\boldsymbol{T}\boldsymbol{I}_4 \tag{4-27}$$

因此能把位姿矩阵和变换矩阵进行统一。

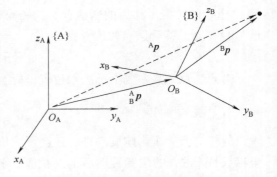

图 4-7 齐次变换

齐次变换矩阵$_B^AT$的逆$_B^AT^{-1}$表示从坐标系 {B} 到 {A} 的变换。根据旋转矩阵的特性，可得

$$_A^BT = {}_B^AT^{-1} = \begin{pmatrix} {}_B^AR^T & -{}_B^AR^T {}_B^Ap \\ 0_{1\times3} & 1 \end{pmatrix} \tag{4-28}$$

4.3.4　变换的复合

变换之间存在传递性。如图4-8 所示，从坐标系{A}到坐标系{C}的变换可看作先由坐标系{A} 变换到坐标系{B}，再由坐标系{B} 变换到坐标系{C}，即变换的复合为

$$_C^AT = {}_B^AT {}_C^BT \tag{4-29}$$

式中，$_C^AT$表示从坐标系{A}到坐标系{C}的变换矩阵；$_B^AT$表示从坐标系{A}到坐标系{B}的变换矩阵；$_C^BT$表示从坐标系{B}到坐标系{C}的变换矩阵。

变换的复合可简化计算，如分别测量被操作物体与工作台坐标系的相对位姿和工作台坐标系相对于机器人基坐标系的位姿，然后通过变换的复合得到被操作物体相对于机器人基坐标系的位姿，而不用直接测量被操作物体相对于机器人基坐标系的位姿，这样方便实际操作。

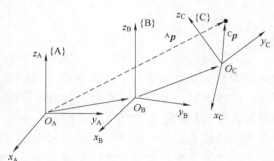

图4-8　复合变换

变换的复合具有不可交换性，即

$$_B^AT {}_C^BT \neq {}_C^BT {}_B^AT \tag{4-30}$$

4.3.5　常用的坐标系

运用变换可简化任务参数的表达。如，工作的位置一般相对于工作台来制定，标定好工作台相对于机器人的位姿后，就可得到工作台上所有工件相对于机器人基坐标系的位姿了。因此，在分析问题时，通常会引入一些辅助坐标系。图4-9 所示为工业机器人常用的坐标系，主要有：基坐标系{B}、工作台坐标系{S}、腕关节坐标系{W}、工具坐标系{T}和物体坐标系{G}。

1）基坐标系{B}。该坐标系位于工业机器人的基座上。对于固定安装的机器人而言，它与世界坐标系一致。场景中其他物体的位姿一般相对于基坐标系进行描述。

2）工作台坐标系{S}。该坐标系位于工作台上，用于表述工作台的位姿。

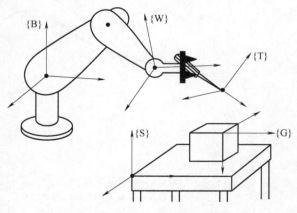

图4-9　工业机器人常用的坐标系

3）腕关节坐标系{W}。该坐标系位于机器人末端的安装法兰上，用于描述不安装工具时机械臂末端的位姿。

4）工具坐标系{T}。该坐标系位于工具末端，用于描述工具的位姿。

5）物体坐标系{G}。该坐标系位于物体上，用于描述物体的位姿。

在实际应用中，这些坐标系发挥着各自的作用，方便描述机器人与工作场景的相对位姿关系。如，{B}和{S}的相对位姿一般固定，而工作台上的物体可能变动，为方便描述物体相对于基坐标系的位姿，只需要给定容易测量的物体相对于工作台的位姿即可。

4.4 运动学方程

建立机器人的运动学方程，即建立关节角度（或关节角速度）与末端位姿（或末端速度）的映射关系，是进行机器人应用开发的基础。工业机器人由一系列连杆通过关节顺次相连，机器人的运动由关节发出，经由连杆逐步从基座传递到末端，因而可通过控制关节运动来对末端工具的运动规律进行控制。

工业机器人是一个串联的结构，关节运动给末端位姿带来的影响通过连杆逐渐传递过去。由此，首先需要在每个连杆上固连一个连杆坐标系，然后建立相邻连杆坐标系的变换矩阵，进而通过变换的复合得到机器人的运动学方程。

4.4.1 D-H 参数

一般基座为第 0 个连杆，其上固连的坐标系 {0} 称为基坐标系。末端为第 n 个连杆，n 为机器人的自由度数，其上固连的坐标系为 {n}。从基座到末端，连杆按顺序称为第 i 个连杆，对应的坐标系为 {i}。为方便描述，连杆坐标系的设置方式遵循的规则为：①坐标系的 z 轴与关节的轴线共线，指向关节正向转动的方向；②x 轴与当前关节轴线和下一个关节轴线的公垂线共线，指向下一个关节轴线；③原点位于公垂线的一个端点上。由此确定了关节坐标系，如图 4-10 所示。

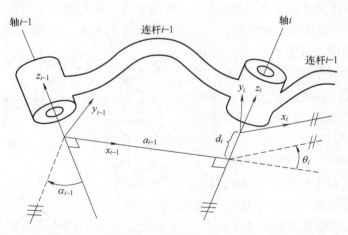

图 4-10　连杆坐标系和 D-H（Denavit-Hartenberg）参数

确定连杆坐标系后，得到 D-H 参数的 4 个参数：①α_{i-1}，关节 $i-1$ 和 i 轴线的夹角；

②a_{i-1}，关节$i-1$和i轴线的公垂线的长度；③d_i，公垂线另一端点与下一连杆坐标系原点之间的距离；④θ_i，关节i的转动角度。通过这4个参数，可描述相邻连杆坐标系的关系，即

$$
{}_{i}^{i-1}T = \begin{pmatrix} c(\theta_i) & -s(\theta_i) & 0 & a_{i-1} \\ s(\theta)_i c(\alpha_{i-1}) & c(\theta_i)c(\alpha_{i-1}) & -s(\alpha_{i-1}) & -s(\alpha_{i-1})d_i \\ s(\theta)_i s(\alpha_{i-1}) & c(\theta_i)s(\alpha_{i-1}) & c(\alpha_{i-1}) & c(\alpha_{i-1})d_i \\ 0 & 0 & 0 & 1 \end{pmatrix} \tag{4-31}
$$

式中，${}_{i}^{i-1}T = R_x(\alpha_{i-1})D_x(a_{i-1})R_z(\theta_i)D_z(d_i)$为从坐标系$\{i-1\}$到坐标系$\{i\}$的变换矩阵，

这里 $R_x(\alpha_{i-1}) = \begin{pmatrix} 1 & 0 & 0 & 0 \\ 0 & c(\alpha_{i-1}) & -s(\alpha_{i-1}) & 0 \\ 0 & s(\alpha_{i-1}) & c(\alpha_{i-1}) & 0 \\ 0 & 0 & 0 & 1 \end{pmatrix}$, $D_x(a_{i-1}) = \begin{pmatrix} 1 & 0 & 0 & a_{i-1} \\ 0 & 1 & 0 & 0 \\ 0 & 0 & 1 & 0 \\ 0 & 0 & 0 & 1 \end{pmatrix}$, $R_z(\theta_i) =$

$\begin{pmatrix} c(\theta_i) & -s(\theta_i) & 0 & 0 \\ s(\theta_i) & c(\theta_i) & 0 & 0 \\ 0 & 0 & 1 & 0 \\ 0 & 0 & 0 & 1 \end{pmatrix}$, $D_z(d_i) = \begin{pmatrix} 1 & 0 & 0 & 0 \\ 0 & 1 & 0 & 0 \\ 0 & 0 & 1 & d_i \\ 0 & 0 & 0 & 1 \end{pmatrix}$。${}_{i}^{i-1}T$仅为关节角度的函数，其他两个参

数固定不变，由机器人的结构决定。

4.4.2 运动学方程

如图4-11所示，可先建立工业机器人每个关节的坐标系，然后计算出相邻连杆坐标系的变换矩阵，进而得到机器人末端与关节的对应关系，即运动学方程

$$
{}_{n}^{0}T = {}_{1}^{0}T {}_{2}^{1}T \cdots {}_{n}^{n-1}T \tag{4-32}
$$

式中，${}_{n}^{0}T$为末端坐标系相对于基坐标系的位姿矩阵。

4.5 案例分析：AUBO机器人的运动学

4.5.1 建立连杆坐标系

AUBO机器人有6个关节，按照4.4节建立连杆坐标系的规则，建立各连杆的坐标系，如图4-12所示。AUBO机器人的D-H参数见表4-1。

表4-1 AUBO-i5的D-H参数

序号	α_{i-1}	a_{i-1}	d_i	θ_i
1	0	0	d_1	θ_1
2	90°	0	d_2	θ_2
3	0	a_2	d_3	θ_3
4	0	a_3	d_4	θ_4
5	-90°	0	d_5	θ_5
6	90°	0	d_6	θ_6

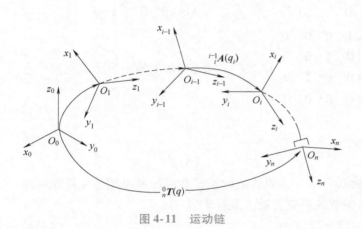

图 4-11 运动链

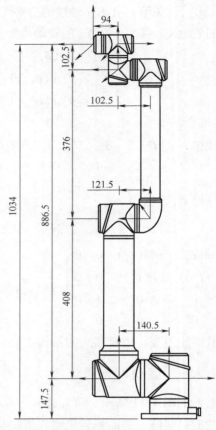

图 4-12 AUBO 机器人的坐标系系统
（图中单位为 mm）

4.5.2 计算相邻坐标系之间的变换关系

根据式（4-31）可计算出相邻坐标系 ${}_1^0T$、${}_2^1T$、${}_3^2T$、${}_4^3T$、${}_5^4T$ 和 ${}_6^5T$ 之间的变换矩阵为

$$
{}_1^0T = \begin{pmatrix} c(\theta_1) & -s(\theta_1) & 0 & 0 \\ s(\theta_1) & c(\theta_1) & 0 & 0 \\ 0 & 0 & 1 & d_1 \\ 0 & 0 & 0 & 1 \end{pmatrix}, \quad
{}_2^1T = \begin{pmatrix} c(\theta_2) & -s(\theta_2) & 0 & 0 \\ 0 & 0 & -1 & -d_2 \\ s(\theta_2) & c(\theta_2) & 0 & 0 \\ 0 & 0 & 0 & 1 \end{pmatrix},
$$

$$
{}_3^2T = \begin{pmatrix} c(\theta_3) & -s(\theta_3) & 0 & a_2 \\ s(\theta_3) & c(\theta_3) & 0 & 0 \\ 0 & 0 & 1 & d_3 \\ 0 & 0 & 0 & 1 \end{pmatrix}, \quad
{}_4^3T = \begin{pmatrix} c(\theta_4) & -s(\theta_4) & 0 & a_3 \\ s(\theta_4) & c(\theta_4) & 0 & 0 \\ 0 & 0 & 1 & d_4 \\ 0 & 0 & 0 & 1 \end{pmatrix},
$$

$$
{}_5^4T = \begin{pmatrix} c(\theta_5) & -s(\theta_5) & 0 & 0 \\ 0 & 0 & 1 & d_4 \\ -s(\theta_5) & -c(\theta_5) & 0 & 0 \\ 0 & 0 & 0 & 1 \end{pmatrix}, \quad
{}_6^5T = \begin{pmatrix} c(\theta_6) & -s(\theta_6) & 0 & 0 \\ 0 & 0 & -1 & -d_6 \\ s(\theta_6) & c(\theta_6) & 0 & 0 \\ 0 & 0 & 0 & 1 \end{pmatrix} \tag{4-33}
$$

因第 2、3 和 4 个关节的轴线平行，可先将其变换矩阵写在一起，即

$$
{}_4^1\boldsymbol{T} = {}_2^1\boldsymbol{T}{}_3^2\boldsymbol{T}{}_4^3\boldsymbol{T} = \begin{pmatrix} \mathrm{c}(\theta_2 - \theta_3 + \theta_4) & 0 & -\mathrm{s}(\theta_2 - \theta_3 + \theta_4) & m \\ 0 & 1 & 0 & 0 \\ \mathrm{s}(\theta_2 - \theta_3 + \theta_4) & 0 & \mathrm{c}(\theta_2 - \theta_3 + \theta_4) & n \\ 0 & 0 & 0 & 1 \end{pmatrix}
\tag{4-34}
$$

式中，

$$
\begin{cases} m = (l_1 + l_3 + l_5)\mathrm{s}(\theta_2 - \theta_3) - l_5\mathrm{s}(\theta_2 - \theta_3) - l_3\mathrm{s}(\theta_2) \\ n = -(l_1 + l_3 + l_5)\mathrm{c}(\theta_2 - \theta_3) + l_5\mathrm{c}(\theta_2 - \theta_3) + l_3\mathrm{c}(\theta_2) + l_1 \end{cases}
\tag{4-35}
$$

将 ${}_5^4\boldsymbol{T}$ 和 ${}_6^5\boldsymbol{T}$ 合并到一起，可得

$$
{}_6^4\boldsymbol{T} = {}_5^4\boldsymbol{T}{}_6^5\boldsymbol{T} = \begin{pmatrix} \mathrm{c}(\theta_5)\mathrm{c}(\theta_6) & -\mathrm{s}(\theta_5) & -\mathrm{c}(\theta_5)\mathrm{s}(\theta_6) & u \\ \mathrm{s}(\theta_5)\mathrm{c}(\theta_6) & \mathrm{c}(\theta_5) & -\mathrm{s}(\theta_5)\mathrm{s}(\theta_6) & v \\ \mathrm{s}(\theta_6) & 0 & \mathrm{c}(\theta_5) & w \\ 0 & 0 & 0 & 1 \end{pmatrix}
\tag{4-36}
$$

式中，

$$
\begin{cases} u = (l_1 + l_3 + l_5 + l_7)\mathrm{c}(\theta_5)\mathrm{s}(\theta_6) - (l_2 - l_4 + l_6)\mathrm{s}(\theta_5) \\ v = (l_1 + l_3 + l_5 + l_7)\mathrm{s}(\theta_5)\mathrm{s}(\theta_6) - (l_2 - l_4 + l_6)(1 - \mathrm{c}(\theta_5)) \\ w = (l_1 + l_3 + l_5 + l_7)(1 - \mathrm{c}(\theta_6)) \end{cases}
\tag{4-37}
$$

4.5.3　建立运动学方程

获得每个相邻连杆坐标系之间的变换矩阵后，可得到整个机械臂的运动学方程，即

$$
{}_6^0\boldsymbol{T} = {}_1^0\boldsymbol{T}(\theta_1){}_4^1\boldsymbol{T}(\theta_2, \theta_3, \theta_4){}_6^4\boldsymbol{T}(\theta_5, \theta_6) = \begin{pmatrix} r_{11} & r_{12} & r_{13} & p_x \\ r_{21} & r_{22} & r_{23} & p_y \\ r_{31} & r_{32} & r_{33} & p_z \\ 0 & 0 & 0 & 1 \end{pmatrix}
\tag{4-38}
$$

式中，矩阵各元素为

$$
\begin{cases} r_{11} = \mathrm{c}(\theta_1)\mathrm{c}(\theta_2 - \theta_3 + \theta_4)\mathrm{c}(\theta_5)\mathrm{c}(\theta_6) - \mathrm{c}(\theta_1)\mathrm{s}(\theta_2 - \theta_3 + \theta_4)\mathrm{s}(\theta_6) - \mathrm{s}(\theta_1)\mathrm{s}(\theta_5)\mathrm{c}(\theta_6) \\ r_{12} = -\mathrm{c}(\theta_1)\mathrm{c}(\theta_2 - \theta_3 + \theta_4)\mathrm{s}(\theta_5) - \mathrm{s}(\theta_1)\mathrm{c}(\theta_5) \\ r_{13} = -\mathrm{c}(\theta_1)\mathrm{c}(\theta_2 - \theta_3 + \theta_4)\mathrm{c}(\theta_5)\mathrm{s}(\theta_6) - \mathrm{c}(\theta_1)\mathrm{s}(\theta_2 - \theta_3 + \theta_4)\mathrm{c}(\theta_6) + \mathrm{s}(\theta_1)\mathrm{s}(\theta_5)\mathrm{s}(\theta_6) \\ r_{21} = \mathrm{s}(\theta_1)\mathrm{c}(\theta_2 - \theta_3 + \theta_4)\mathrm{c}(\theta_5)\mathrm{c}(\theta_6) - \mathrm{s}(\theta_1)\mathrm{s}(\theta_2 - \theta_3 + \theta_4)\mathrm{s}(\theta_6) + \mathrm{c}(\theta_1)\mathrm{s}(\theta_5)\mathrm{c}(\theta_6) \\ r_{22} = -\mathrm{s}(\theta_1)\mathrm{c}(\theta_2 - \theta_3 + \theta_4)\mathrm{s}(\theta_5) + \mathrm{c}(\theta_1)\mathrm{c}(\theta_5) \\ r_{23} = -\mathrm{s}(\theta_1)\mathrm{c}(\theta_2 - \theta_3 + \theta_4)\mathrm{c}(\theta_5)\mathrm{s}(\theta_6) - \mathrm{s}(\theta_1)\mathrm{s}(\theta_2 - \theta_3 + \theta_4)\mathrm{c}(\theta_6) - \mathrm{c}(\theta_1)\mathrm{s}(\theta_5)\mathrm{s}(\theta_6) \\ r_{31} = \mathrm{s}(\theta_2 - \theta_3 + \theta_4)\mathrm{c}(\theta_5)\mathrm{c}(\theta_6) - \mathrm{c}(\theta_2 - \theta_3 + \theta_4)\mathrm{s}(\theta_6) \\ r_{32} = -\mathrm{s}(\theta_2 - \theta_3 + \theta_4)\mathrm{s}(\theta_5) \\ r_{33} = -\mathrm{s}(\theta_2 - \theta_3 + \theta_4)\mathrm{c}(\theta_5)\mathrm{s}(\theta_6) + \mathrm{c}(\theta_2 - \theta_3 + \theta_4)\mathrm{c}(\theta_6) \\ p_x = u\mathrm{c}(\theta_1)\mathrm{c}(\theta_2 - \theta_3 + \theta_4) - v\mathrm{s}(\theta_1) - w\mathrm{c}(\theta_1)\mathrm{s}(\theta_2 - \theta_3 + \theta_4)w + m\mathrm{c}(\theta_1) \\ p_y = u\mathrm{s}(\theta_1)\mathrm{c}(\theta_2 - \theta_3 + \theta_4) + v\mathrm{c}(\theta_1) - w\mathrm{s}(\theta_1)\mathrm{s}(\theta_2 - \theta_3 + \theta_4)w + m\mathrm{s}(\theta_1) \\ p_z = u\mathrm{s}(\theta_2 - \theta_3 + \theta_4) + w\mathrm{c}(\theta_2 - \theta_3 + \theta_4) + n \end{cases}
$$

4.6 逆运动学

机器人的逆运动学问题是指已知末端执行器的位置和姿态，求解相应的关节变量。机器人运动学问题的难点在于如何快速求取运动学逆解。代数法和几何法属于封闭解法，计算速度快，一般可找到可能的逆解，但该类方法对机器人结构的限制较大。对于 6R 机器人，仅当其几何结构满足 Pieper 准则（机器人的三个相邻关节轴交于一点或三轴线平行。）时，采用解析法才可求得其封闭解。

4.6.1 AUBO 机器人逆运动学的代数解法

1. 求 θ_1

将式（4-36）中的 u、v 和 w 代入式（4-38）中，得到末端位置的完整表达式

$$\begin{cases} p_{A,x} = (l_2 - l_4 + l_6)s(\theta_1) - (l_3 s(\theta_2) + l_5 s(\theta_2 - \theta_3) + l_7 s(\theta_2 - \theta_3 + \theta_4))c(\theta_1) \\ p_{A,y} = -(l_2 - l_4 + l_6)c(\theta_1) - (l_3 s(\theta_2) + l_5 s(\theta_2 - \theta_3) + l_7 s(\theta_2 - \theta_3 + \theta_4))s(\theta_1) \\ p_{A,z} = l_1 + l_3 c(\theta_2) + l_5 c(\theta_2 - \theta_3) + l_7 c(\theta_2 - \theta_3 + \theta_4) \end{cases} \quad (4\text{-}39)$$

已知末端的位置和姿态，以及 D-H 参数 l_8，辅助点 A 的位置可通过式（4-40）计算出

$$\boldsymbol{p}_A = \boldsymbol{p}_{ee} - d_8 \boldsymbol{Z}_{ee} = \begin{pmatrix} x_A \\ y_A \\ z_A \end{pmatrix} \quad (4\text{-}40)$$

取式（4-39）和式（4-40）的 x、y 坐标，联立方程组

$$\begin{cases} as(\theta_1) - bc(\theta_1) = x_A \\ -ac(\theta_1) - bs(\theta_1) = y_A \end{cases} \quad (4\text{-}41)$$

式中，$a = l_2 - l_4 + l_6$；$b = l_3 s(\theta_2) + l_5 s(\theta_2 - \theta_3) + l_7 s(\theta_2 - \theta_3 + \theta_4)$。$a$ 已知，仅由结构参数决定，b 可通过三角函数求出。式（4-41）中两个方程左右两边平方后相加可得 a 和 b 的关系为

$$b = \pm \sqrt{(x_A^2 + y_A^2) - a^2} \quad (4\text{-}42)$$

得到 a 和 b 后，由式（4-41）可计算出 θ_1

$$\theta_1 = \arctan\left(\frac{ax_A - by_A}{a^2 + b^2}, \; -\frac{bx_A + ay_A}{a^2 + b^2}\right) \quad (4\text{-}43)$$

2. 求 θ_5

$$\begin{cases} p_x = [l_8 s(\theta_5)c(\theta_2 - \theta_3 + \theta_4) - l_5 s(\theta_2 - \theta_3) - l_3 s(\theta_2) - l_7 s(\theta_2 - \theta_3 + \theta_4)]c(\theta_1) + \\ \quad [l_2 - l_4 + l_6 + l_8 c(\theta_5)]s(\theta_1) \\ p_y = [l_8 s(\theta_5)c(\theta_2 - \theta_3 + \theta_4) - l_5 s(\theta_2 - \theta_3) - l_3 s(\theta_2) - l_7 s(\theta_2 - \theta_3 + \theta_4)]s(\theta_1) - \\ \quad [l_2 - l_4 + l_6 + l_8 c(\theta_5)]c(\theta_1) \\ p_z = l_1 + l_3 c(\theta_2) + l_5 c(\theta_2 - \theta_3) + l_7 c(\theta_2 - \theta_3 + \theta_4) + l_8 s(\theta_5)s(\theta_2 - \theta_3 + \theta_4) \end{cases} \quad (4\text{-}44)$$

注意到式（4-44）中 p_x 和 p_y 表达式的结构相似，可通过消项（见附录 A）得到 θ_5 的表达式，即

$$\theta_5 = \pm \arccos\left(\frac{1}{l_8}(x\mathrm{s}(\theta_1) - y\mathrm{c}(\theta_1) - (l_2 - l_4 + l_6))\right) \tag{4-45}$$

将式（4-43）的 θ_1 代入式（4-45），即可求出 θ_5。

3. 求 θ_6

θ_6 影响末端的位姿，需用位姿矩阵求解 θ_6。位姿矩阵中各个元素为

$$\begin{cases} r_{11} = -\mathrm{c}(\theta_1)\mathrm{s}(\theta_2 - \theta_3 + \theta_4)\mathrm{s}(\theta_6) + [\mathrm{c}(\theta_1)\mathrm{c}(\theta_5)\mathrm{c}(\theta_2 - \theta_3 + \theta_4) - \\ \qquad \mathrm{s}(\theta_1)\mathrm{s}(\theta_5)]\mathrm{c}(\theta_6) \\ r_{21} = -\mathrm{s}(\theta_1)\mathrm{s}(\theta_2 - \theta_3 + \theta_4)\mathrm{s}(\theta_6) + [\mathrm{s}(\theta_1)\mathrm{c}(\theta_5)\mathrm{c}(\theta_2 - \theta_3 + \theta_4) + \\ \qquad \mathrm{c}(\theta_1)\mathrm{s}(\theta_5)]\mathrm{c}(\theta_6) \\ r_{12} = -\mathrm{c}(\theta_1)\mathrm{s}(\theta_2 - \theta_3 + \theta_4)\mathrm{c}(\theta_6) + [-\mathrm{c}(\theta_1)\mathrm{c}(\theta_5)\mathrm{c}(\theta_2 - \theta_3 + \theta_4) + \\ \qquad \mathrm{s}(\theta_1)\mathrm{s}(\theta_5)]\mathrm{c}(\theta_6) \\ r_{22} = -\mathrm{s}(\theta_1)\mathrm{s}(\theta_2 - \theta_3 + \theta_4)\mathrm{c}(\theta_6) + [-\mathrm{s}(\theta_1)\mathrm{c}(\theta_5)\mathrm{c}(\theta_2 - \theta_3 + \theta_4) - \\ \qquad \mathrm{c}(\theta_1)\mathrm{s}(\theta_5)]\mathrm{c}(\theta_6) \end{cases} \tag{4-46}$$

根据式（4-46），乘以 $\mathrm{s}(\theta)_1$ 或 $\mathrm{c}(\theta_1)$，消去 $\mathrm{s}(\theta_2 - \theta_3 + \theta_4)$ 和 $\mathrm{c}(\theta_2 - \theta_3 + \theta_4)$，得到

$$\begin{cases} \mathrm{s}(\theta_5)\mathrm{s}(\theta_6) = \mathrm{s}(\theta_1)r_{12} - \mathrm{c}(\theta_1)r_{22} \\ \mathrm{s}(\theta_5)\mathrm{c}(\theta_6) = \mathrm{c}(\theta_1)r_{21} - \mathrm{s}(\theta_1)r_{11} \end{cases} \Rightarrow \theta_6 = \\ \arctan\left(\frac{\mathrm{s}(\theta_1)r_{12} - \mathrm{c}(\theta_1)r_{22}}{\mathrm{s}(\theta_5)}, \frac{\mathrm{c}(\theta_1)r_{21} - \mathrm{s}(\theta_1)r_{11}}{\mathrm{s}(\theta_5)}\right) \tag{4-47}$$

4. 求 θ_{234}

求出 θ_1、θ_5 和 θ_6 后，可将其代入运动学方程（4-32）中，求出 θ_2、θ_3 和 θ_4 组合在一起的一个方程，即

$$_4^1\boldsymbol{T}(\theta_2, \theta_3, \theta_4) = {}_1^0\boldsymbol{T}^{-1}(\theta_1) {}_6^0\boldsymbol{T} {}_6^4\boldsymbol{T}^{-1}(\theta_5, \theta_6)$$

$$= \begin{pmatrix} \mathrm{c}(\theta_2 - \theta_3 + \theta_4) & 0 & -\mathrm{s}(\theta_2 - \theta_3 + \theta_4) & m \\ 0 & 1 & 0 & 0 \\ \mathrm{s}(\theta_2 - \theta_3 + \theta_4) & 0 & \mathrm{c}(\theta_2 - \theta_3 + \theta_4) & n \\ 0 & 0 & 0 & 1 \end{pmatrix} \tag{4-48}$$

因此 $\theta_{234} = \theta_2 - \theta_3 + \theta_4$ 可利用式（4-48）位姿矩阵中的元素求出

$$\theta_{234} = \arctan(-r_{234,13}, r_{234,11}) \tag{4-49}$$

式中，$r_{234,11}$ 和 $r_{234,13}$ 分别为矩阵 $_1^0\boldsymbol{T}^{-1}(\theta_1) {}_6^0\boldsymbol{T} {}_6^4\boldsymbol{T}^{-1}(\theta_5, \theta_6)$ 的第（1，1）和（1，3）个元素。

5. 求 θ_3

进一步由 $_4^1\boldsymbol{T}(\theta_2, \theta_3, \theta_4)$ 的平移部分，可得到 θ_2 和 θ_3 的表达式，即有

$$\begin{cases} l_5\mathrm{s}(\theta_2 - \theta_3) + l_3\mathrm{s}(\theta_2) = -p_{234,x} + (l_1 + l_3 + l_5)\mathrm{s}(\theta_2 - \theta_3 + \theta_4) \\ l_5\mathrm{c}(\theta_2 - \theta_3) + l_3\mathrm{c}(\theta_2) = p_{234,z} + (l_1 + l_3 + l_5)\mathrm{c}(\theta_2 - \theta_3 + \theta_4) - l_1 \end{cases} \tag{4-50}$$

式中，$p_{234,x}$ 和 $p_{234,z}$ 分别为矩阵 $_1^0\boldsymbol{T}^{-1}(\theta_1) {}_6^0\boldsymbol{T} {}_6^4\boldsymbol{T}^{-1}(\theta_5, \theta_6)$ 的第（1，4）和（3，4）个元素。

式（4-50）左右两侧平方后相加可得

$$\theta_3 = \pm \arccos\left(\frac{m_3^2 + n_3^2 - (l_5^2 + l_3^2)}{2l_3l_5}\right) \tag{4-51}$$

式中，

$$\begin{cases} m_3 = -p_{234,x} + (l_1 + l_3 + l_5)\,s(\theta_2 - \theta_3 + \theta_4) \\ n_3 = p_{234,z} + (l_1 + l_3 + l_5)\,c(\theta_2 - \theta_3 + \theta_4) - l_1 \end{cases} \tag{4-52}$$

6. 求 θ_2

将 θ_3 代入式（4-52）中，可求出 θ_2，有

$$\theta_2 = \arctan\left(\frac{m_3(l_3 + l_5 c(\theta_3)) + n_3 l_5 s(\theta_2)}{(l_3 + l_5 c(\theta_3))^2 + (l_5 s(\theta_3))^2}, \frac{-m_3 l_5 s(\theta_2) + n_3(l_3 + l_5 c(\theta_3))}{(l_3 + l_5 c(\theta_3))^2 + (l_5 s(\theta_3))^2}\right) \tag{4-53}$$

7. 求 θ_4

获得 θ_2 和 θ_3 后，可计算出仅与 θ_4 有关的变换矩阵 ${}_4^3\boldsymbol{T}(\theta_4)$，有

$${}_4^3\boldsymbol{T}(\theta_4) = ({}_2^1\boldsymbol{T}(\theta_2){}_3^2\boldsymbol{T}(\theta_3))^{-1}{}_4^1\boldsymbol{T}(\theta_2, \theta_3, \theta_4) = \begin{pmatrix} c(\theta_4) & -s(\theta_4) & 0 & a_3 \\ s(\theta_4) & c(\theta_4) & 0 & 0 \\ 0 & 0 & 1 & d_4 \\ 0 & 0 & 0 & 1 \end{pmatrix} \tag{4-54}$$

则 θ_4 为

$$\theta_4 = \arctan(-r_{4,12}, r_{4,11}) \tag{4-55}$$

式中，$r_{4,11}$ 和 $r_{4,12}$ 分别为矩阵 $({}_2^1\boldsymbol{T}(\theta_2){}_3^2\boldsymbol{T}(\theta_3))^{-1}{}_4^1\boldsymbol{T}(\theta_2, \theta_3, \theta_4)$ 的第（1，1）和（1，2）个元素。

4.6.2　AUBO 机器人逆运动学的几何解法

在 4.4.2 中，得到了 AUBO 机器人的正运动学方程

$${}_6^0\boldsymbol{T} = {}_1^0\boldsymbol{T}(\theta_1){}_2^1\boldsymbol{T}(\theta_2){}_3^2\boldsymbol{T}(\theta_3){}_4^3\boldsymbol{T}(\theta_4){}_5^4\boldsymbol{T}(\theta_5){}_6^5\boldsymbol{T}(\theta_6) \tag{4-56}$$

1. 求 θ_1

如图 4-13 所示，第 5 个坐标系 {5} 的原点相对于基坐标系 {0} 的位置为 ${}_5^0\boldsymbol{P}$，${}_5^0\boldsymbol{P}$ 也可由坐标系 {6} 沿着坐标轴 z_6 平移过来。因为已知末端坐标系的位姿，所以 ${}_6^0\boldsymbol{T}$ 及平移量已知，可先将坐标系 {5} 原点的位置确定下来，那么这个解一定既满足位置要求也满足位姿要求，即

$${}_5^0\boldsymbol{P} = {}_6^0\boldsymbol{P} - d_6^0\boldsymbol{Z}_6 \tag{4-57}$$

求 θ_1。从 z_0 往下看，即投影到 $O_0x_0y_0$ 平面上，如图 4-14 所示。θ_1 实际上是坐标系 {0} 到坐标系 {1} 的转换角度，等于 x_0 与 ${}^0\boldsymbol{P}_{5,xy}$ 的夹角 φ_1 加上 ${}^0\boldsymbol{P}_{5,xy}$ 与 x_1 的夹角，即

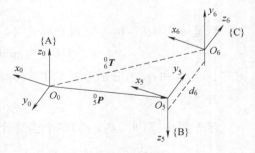

图 4-13　坐标系 {5} 的位置

$$\theta_1 = \varphi_1 + \left(\varphi_2 + \frac{\pi}{2}\right) \tag{4-58}$$

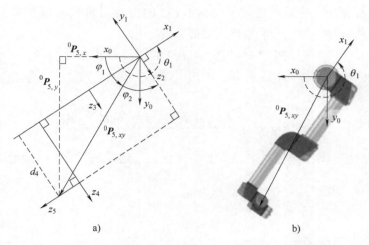

图 4-14　坐标系 {5} 在 $O_0 x_0 y_0$ 平面上的投影

a）坐标系投影图　b）机器人实物投影图

式中，$\varphi_1 = \arctan({}^0\boldsymbol{P}_{5,x}, {}^0\boldsymbol{P}_{5,y})$；$\varphi_2$ 为 ${}^0\boldsymbol{P}_{5,xy}$ 与 $-y_1$ 的夹角，

$$\varphi_2 = \pm \arccos\left(\frac{d_4}{\sqrt{{}^0\boldsymbol{P}_{5,x}^2 + {}^0\boldsymbol{P}_{5,y}^2}}\right) \tag{4-59}$$

由此可解出 θ_1 为

$$\theta_1 = \varphi_1 + \left(\varphi_2 + \frac{\pi}{2}\right) = \arctan({}^0\boldsymbol{P}_{5,x}, {}^0\boldsymbol{P}_{5,y}) \pm \arccos\left(\frac{d_4}{\sqrt{{}^0\boldsymbol{P}_{5,x}^2 + {}^0\boldsymbol{P}_{5,y}^2}}\right) + \frac{\pi}{2} \tag{4-60}$$

式（4-60）表明 θ_1 有两个解。

2. 求 θ_5

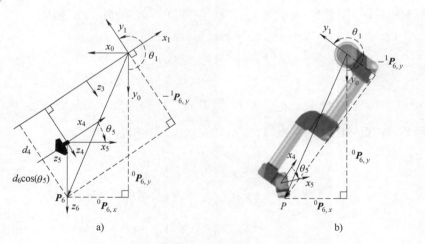

图 4-15　从坐标系 {5} 看坐标系 {6} 图

a）坐标系投影图　b）机器人实物投影图

从图 4-15 所示的几何关系中可得到

$${}^1\boldsymbol{P}_{6,y} = -\left[d_4 + d_6 c(\theta_5)\right] \tag{4-61}$$

式中，$^1P_{6,y}$ 为坐标系 {6} 的原点相对于坐标系 {1} 的位置向量在 y 轴方向上的分量。由于 $^0P_6 = {}^0_1R{}^1P_6$，故 $^1P_6 = {}^0_1R^{-1}{}^0P_6$，将 θ_1 代入可得

$$^1P_{6,y} = -{}^0P_{6,x}s(\theta_1) + {}^0P_{6,y}c(\theta_1) \tag{4-62}$$

由式 (4-61) 得到 $-d_4 - d_6c(\theta_5) = -{}^0P_{6,x}s(\theta_1) + {}^0P_{6,y}c(\theta_1)$，再联立式 (4-62) 可得到

$$\theta_5 = \pm\arccos\left(\frac{{}^0P_{6,x}s(\theta_1) - {}^0P_{6,y}c(\theta_1) - d_4}{d_6}\right) \tag{4-63}$$

θ_5 的两个解对应 {5} 坐标系中关节轴是在"上"还是在"下"。无论上下，末端的位姿都将由 θ_6 纠正。

3. 求 θ_6

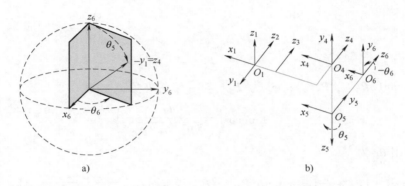

图 4-16　$^6\hat{Y}_1$ 在球面坐标系中的方位角

a) $^6\hat{Y}_1$ 的极角　b) 坐标系投影图

为简单，图 4-16 中将 $^6\hat{Y}_1$ 表示为 y_1，$^6\hat{Y}_1$ 与方位角 θ_5 和 θ_6 的关系为

$$^6\hat{Y}_1 = \begin{pmatrix} -s(\theta_5)c(\theta_6) \\ s(\theta_5)s(\theta_6) \\ -c(\theta_5) \end{pmatrix} \tag{4-64}$$

式 (4-64) 中，若单独考虑 θ_6，θ_6 可由 ^6_1T 表达，则需要一个从 ^6_1T 来并包含 θ_6 的表达式。由向量 $^6\hat{Y}_1$ 与 $^6\hat{X}_0$ 和 $^6\hat{Y}_0$ 的关系 $^6\hat{Y}_1 = {}^6\hat{X}_0(-s(\theta_1)) + {}^6\hat{Y}_0c(\theta_1)$ 得

$$^6\hat{Y}_1 = \begin{pmatrix} -{}^6\hat{X}_{0,x}s(\theta_1) + {}^6\hat{Y}_{0,x}c(\theta_1) \\ -{}^6\hat{X}_{0,y}s(\theta_1) + {}^6\hat{Y}_{0,y}c(\theta_1) \\ -{}^6\hat{X}_{0,z}s(\theta_1) + {}^6\hat{Y}_{0,z}c(\theta_1) \end{pmatrix} \tag{4-65}$$

取式 (4-64) 和式 (4-65) 中 $^6\hat{Y}_1$ 的前两项得到方程组后解出

$$\theta_6 = \arctan\left(\frac{-{}^6\hat{X}_{0,y}s(\theta_1) + {}^6\hat{Y}_{0,y}c(\theta_1)}{s(\theta_5)}, \frac{{}^6\hat{X}_{0,x}s(\theta_1) - {}^6\hat{Y}_{0,x}c(\theta_1)}{s(\theta_5)}\right) \tag{4-66}$$

从式 (4-66) 可看出 $s(\theta_5)$ 不能为零，若为零，则无法求出 θ_6。当 $s(\theta_5) = 0$ 时，关节

轴 2、3、4 和 6 平行，这表示自由度出现了冗余，有无穷多组解。

4. 求 θ_3

剩下的三个关节 {2，3，4} 的旋转轴平行，可把其看成 3R 的平面机械臂，如图 4-17所示的坐标系。

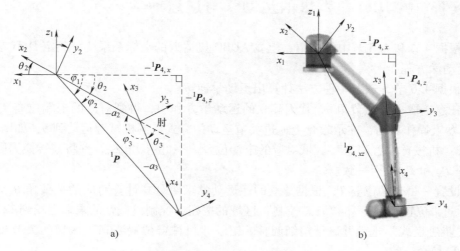

图 4-17　第三个关节的角度

a) 坐标系投影图　b) 机器人实物投影图

因 ^0_1T、^4_5T 和 ^5_6T 已经求出，此时只需关注坐标系 {1} 相对坐标系 {4} 的变换矩阵 ^1_4T。^1_4T 表示的变换在图 4-17a 坐标系 {1} 的 Oxz 平面中示出。从图中可看出长度仅由 θ_3 确定，或由其补角 φ_3 确定。根据余弦定理 $2a_2a_3c(\varphi_3) = a_2^2 + a_3^2 - |\boldsymbol{P}_{4,xz}|^2$ 可得 φ_3 为

$$\varphi_3 = \pm \arccos\left(\frac{a_2^2 + a_3^2 - |\boldsymbol{P}_{4,xz}|^2}{2a_2a_3}\right) \tag{4-67}$$

则 θ_3 为

$$\theta_3 = \pi - \varphi_3 = \pi \pm \arccos\left(\frac{a_2^2 + a_3^2 - |\boldsymbol{P}_{4,xz}|^2}{2a_2a_3}\right) \tag{4-68}$$

5. 求 θ_2

由图 4-17a 可知，$\theta_2 = \varphi_1 - \varphi_2$。$\varphi_1$ 和 φ_2 分别为

$$\begin{cases} \varphi_1 = \arctan\left(-^1\boldsymbol{P}_{4,z}, \ -^1\boldsymbol{P}_{4,x}\right) \\[2mm] \varphi_2 = \arcsin\left(\dfrac{-a_3s(\varphi_3)}{|^1\boldsymbol{P}_{4,xz}|}\right) \end{cases} \tag{4-69}$$

则 θ_2 为

$$\theta_2 = \arctan\left(-^1\boldsymbol{P}_{4,z}, \ -^1\boldsymbol{P}_{4,x}\right) - \arcsin\left(\frac{-a_3s(\varphi_3)}{|^1\boldsymbol{P}_{4,xz}|}\right) \tag{4-70}$$

6. 求 θ_4

因其他关节角已求出，最后 θ_4 的值就很容易求解，只需获得其所对应变换矩阵 ^3_4T 的第

（1，1）和（1，2）两个元素即可，于是有

$$\theta_4 = \arctan({}^3\hat{\boldsymbol{X}}_{4,\,y},\,{}^3\hat{\boldsymbol{X}}_{4,\,x}) \tag{4-71}$$

至此，最多可求出 8 组解：$2\theta_1 \times 2\theta_5 \times \theta_6 \times 2\theta_3 \times \theta_2 \times \theta_4$。

4.7 实训：AUBO 机器人的运动学与逆运动学

1）根据 4.4 和 4.5 节中的介绍，建立 AUBO 机器人的坐标系系统，确定 D-H 参数，然后建立运动学方程。

2）根据 4.6 节，选取一种方法计算出运动学逆解。

3）任意选取一组关节角 θ，代入建立的运动学方程中，得到对应的末端位姿 T_a。打开 AUBO 机器人操作界面，在示教盒上通过关节运动的方式控制机械臂运动到 θ，如图 4-18 所示。记录"机械臂位置姿态"区域对应的末端位置 P_b 和欧拉角 $\boldsymbol{\xi}_b$，并将其转换为姿态矩阵 T_b。验证 T_a 和 T_b 是否一致。

4）设置一个末端位姿 T，根据建立的逆运动学求解公式计算对应的关节角 θ_a。在示教盒上，通过"位置控制"和"姿态控制"区域的按钮，控制机械臂的末端运动到 T，必要时可勾选"步进模式"选项并进行精细调整。记录"机械臂位置姿态"区域的关节角 θ_b。验证 θ_a 和 θ_b 是否一致。

5）多试几组数据，查看正、逆解算法是否有误。

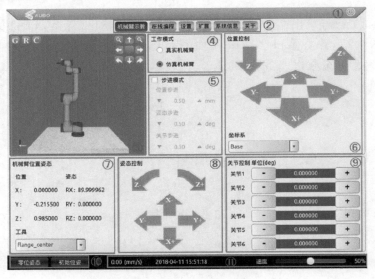

图 4-18　AUBO 机器人的正运动学

思考与练习

4.1　工业机器人有哪些常用的坐标系？各自的作用是什么？

4.2　常用的姿态表示方法有哪些？各自的优缺点是什么？

4.3　有一旋转变换，先绕固定坐标系 z_0 轴旋转 45°，再绕 x_0 轴旋转 30°，最后绕其 y_0

轴旋转60°，试求该坐标变换矩阵。

4.4 坐标系 {B} 起初与固定坐标系 {A} 重合，现坐标系 {B} 绕 z_B 轴旋转30°，然后绕旋转后的动坐标系 x_B 轴旋转45°，写出坐标系 {B} 的起始矩阵表达式和最后矩阵表达式。

4.5 写出齐次变换矩阵 $_B^A H$，它表示坐标系 {B} 连续相对固定坐标系 {A} 作如下变换：①绕 z_A 轴旋转90°；②绕 x_A 轴旋转 $-90°$；③移动 $(3 \quad 7 \quad 9)^T$。

4.6 写出齐次变换阵 $_B^A H$，它表示坐标系 {B} 连续相对自身运动坐标系 {A} 作如下变换：①移动 $(3 \quad 7 \quad 9)^T$；②绕 x_B 轴旋转90°；③绕 z_B 轴旋转 $-90°$。

4.7 如图 4-19 所示，已知 u 的坐标为 $u = (7 \quad 3 \quad 2)^T$，对 u 依次进行如下的变换：①绕 z 轴旋转90°得到点 v；②绕 y 轴旋转90°得到点 w；③沿 x 轴平移4个单位，再沿 y 轴平移3个单位，最后沿 z 轴平移7个单位得到点 t。求 v、w 和 t 各点的齐次坐标。

4.8 什么是机器人的正运动学？什么是逆运动学？

4.9 图 4-20 所示为具有 3 个旋转关节的 3R 机械手，求末端机械手在基坐标系 $\{x_0, y_0\}$ 下的运动学方程。

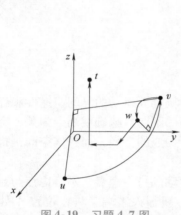

图 4-19 习题 4.7 图

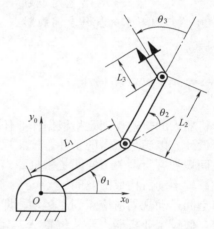

图 4-20 习题 4.9 图

4.10 图 4-21 所示为平面内两旋转关节机械手，已知机械手末端的坐标值为 $\{x, y\}$，试求其关节旋转变量 θ_1 和 θ_2。

4.11 图 4-22 所示为三自由度机械手（两个旋转关节加一个平移关节），求末端机械手的运动学方程。

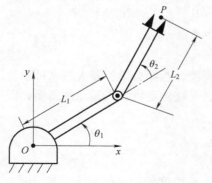

图 4-21 习题 4.10 图

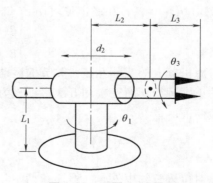

图 4-22 习题 4.11 图

第 5 章　工业机器人的轨迹规划

知识目标

✓ 熟悉工业机器人的轨迹规划。
✓ 熟悉速度曲线的设计方法。

技能目标

✓ 能够实现机器人的关节空间规划。
✓ 能够实现机器人的操作空间规划。

5.1　关节空间运动规划

工业机器人的轨迹规划是指根据作业任务要求，对机器人运动的时间、速度和经过的路点等进行设计，以满足所需的条件。按照规划所在空间的不同，轨迹规划分为关节空间规划和操作空间规划。所谓关节空间是指机器人关节运动所构成的空间，而操作空间是指末端工具平移和旋转运动所构成的空间。

关节空间运动规划对应点到点运动，即从一个点运动到另一个点，不考虑点与点之间的运动轨迹。假设工业机器人要从位置 A 运动到位置 B，机器人末端工具在位置 A 处的位姿为 T_i，在位置 B 处的位姿为 T_f。末端位姿 T_f 和 T_f 分别对应一组关节角 q_i 和 q_f。关节空间运动规划是对关节运动进行设计，使得关节从初始位置 q_i 运动到终止位置 q_f，那么，末端也就从初始位置 A 运动到终止位置 B 了。

在进行机器人的运动规划时，起始点的关节角度 θ_i 可通过关节角度传感器获知，终止点一般给出期望末端位姿 T_f，根据运动学逆解，可计算出相应的关节角 θ_f。关节从 θ_i 运动到 θ_f，可用初始关节角和终止关节角的插值函数 $\theta(t)$ 来表示。若该插值函数 $\theta(t)$ 在初始时刻 $t_i = 0$ 的值 $\theta(t_i) = \theta_i$，在终止时刻 $t_f = T$ 的值为 $\theta(t_f) = \theta_f$，T 为运动时间，则

$$\begin{cases} \theta(t_i) = \theta(0) = \theta_i \\ \theta(t_f) = \theta(T) = \theta_f \end{cases} \tag{5-1}$$

考虑机器人的实际性能，关节的运动轨迹必须光滑，否则会给机器人带来冲击，影响机器人的正常运行。而三次和五次多项式为二阶连续，足够满足机器人运动的需要，因此可用于构造插值函数 $\theta(t)$。

5.1.1　三次多项式插值

除对位置有约束外，一般还在初始和终止时刻具有速度约束。机器人的初始速度 $\dot{\theta}(0)$

是机器人的初始状态，为已知项。终止速度一般与任务密切相关，对于码垛而言，要求终止速度为0。因此，除了式（5-1）外，平滑插值函数 $\theta(t)$ 还需要满足速度约束

$$\begin{cases} \dot{\theta}(t_i) = \dot{\theta}(0) = \dot{\theta}_i \\ \dot{\theta}(t_f) = \dot{\theta}(T) = \dot{\theta}_f \end{cases} \tag{5-2}$$

式（5-1）和式（5-2）总共包含4个约束。若采用三次多项式对机器人的关节运动进行插值，则关节角 $\theta(t)$ 可表示为

$$\theta(t) = a_0 + a_1 t + a_2 t^2 + a_3 t^3 \tag{5-3}$$

式中，$a_i (i = 0, 1, 2, 3)$ 为多项式待定系数，需根据约束方程式（5-1）和式（5-2）求解。

对式（5-3）进行微分，可得到关节速度表达式

$$\dot{\theta}(t) = a_1 + 2a_2 t + 3a_3 t^2 \tag{5-4}$$

结合约束方程式（5-1）和式（5-2），可得到四元一次方程组

$$\begin{cases} a_0 = \theta_i \\ a_0 + a_1 T + a_2 T^2 + a_3 T^3 = \theta_f \\ a_1 = \dot{\theta}_i \\ a_1 + 2a_2 T + 3a_3 T^2 = \dot{\theta}_f \end{cases} \tag{5-5}$$

求解式（5-5）方程组可得到各系数的值

$$\begin{cases} a_0 = \theta_i \\ a_1 = \dot{\theta}_i \\ a_2 = \dfrac{3}{T^2}(\theta_f - \theta_i) - \dfrac{2}{T}\dot{\theta}_i - \dfrac{1}{T}\dot{\theta}_f \\ a_3 = -\dfrac{2}{T^3}(\theta_f - \theta_i) + \dfrac{1}{T^2}(\dot{\theta}_i + \dot{\theta}_f) \end{cases} \tag{5-6}$$

将式（5-6）代回至式（5-4）中即可得到需要的平滑插值函数。如果初始和终止的速度均为0，则图5-1所示为三次多项式表示运动轨迹时的运动特性曲线。从图中可看出：①位置和速度曲线光滑；②速度曲线为抛物线，从初始速度0逐渐加速，到达峰值后逐渐减速，最后在终止时刻回到0，没有突变；③加速度曲线为直线，在初始时刻和终止时刻不为0，因此在起动和最后制动时会带来很大的冲击。

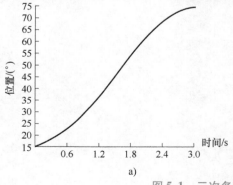
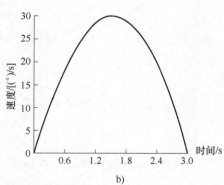

图5-1　三次多项式插值的运动特性曲线

a）位置　b）速度

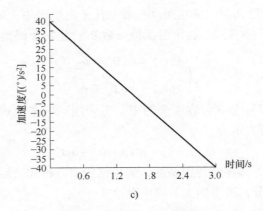

图 5-1　三次多项式插值的运动特性曲线（续）

ｃ）加速度

5.1.2　五次多项式插值

采用三次多项式对关节运动进行插值会给机器人的起动和制动带来冲击。为消除这一现象，可使用更高阶次的多项式将加速度的要求包含进去。若要约束初始和终止时刻的加速度，则有

$$
\begin{cases}
\ddot{\theta}(t_i) = \ddot{\theta}(0) = \ddot{\theta}_i \\
\ddot{\theta}(t_f) = \ddot{\theta}(T) = \ddot{\theta}_f
\end{cases}
\tag{5-7}
$$

采用五次多项式进行插值可满足要求，即

$$
\theta(t) = a_0 + a_1 t + a_2 t^2 + a_3 t^3 + a_4 t^4 + a_5 t^5
\tag{5-8}
$$

对式（5-8）进行求导，可得到速度和加速度分别为

$$
\dot{\theta}(t) = a_1 + 2a_2 t + 3a_3 t^2 + 4a_4 t^3 + 5a_5 t^4
\tag{5-9}
$$

$$
\ddot{\theta}(t) = 2a_2 + 6a_3 t + 12a_4 t^2 + 20a_5 t^3
\tag{5-10}
$$

综合式（5-1）、式（5-2）和式（5-7）可得方程组

$$
\begin{cases}
a_0 = \theta_i \\
a_0 + a_1 T + a_2 T^2 + a_3 T^3 + a_4 T^4 + a_5 T^5 = \theta_f \\
a_1 = \dot{\theta}_i \\
a_1 + 2a_2 T + 3a_3 T^2 + 4a_4 T^3 + 5a_5 T^4 = \dot{\theta}_f \\
2a_2 = \ddot{\theta}_i \\
2a_2 + 6a_3 T + 12a_4 T^2 + 20a_5 T^3 = \ddot{\theta}_f
\end{cases}
\tag{5-11}
$$

求解式（5-11）得到各系数的值为

$$\begin{cases} a_0 = \theta_i \\ a_1 = \dot{\theta}_i \\ a_2 = \dfrac{\ddot{\theta}_i}{2} \\ a_3 = \dfrac{20(\theta_f - \theta_i) - (8\dot{\theta}_f + 12\dot{\theta}_i)T + (\ddot{\theta}_f - 3\ddot{\theta}_i)T^2}{2T^3} \\ a_4 = \dfrac{-30(\theta_f - \theta_i) + (14\dot{\theta}_f + 16\dot{\theta}_i)T - (2\ddot{\theta}_f - 3\ddot{\theta}_i)T^2}{2T^4} \\ a_5 = \dfrac{12(\theta_f - \theta_i) - 6(\dot{\theta}_f + \dot{\theta}_i)T + (\ddot{\theta}_f - \ddot{\theta}_i)T^2}{2T^5} \end{cases} \tag{5-12}$$

将式（5-12）各系数的值代回式（5-8）即可得到需要的平滑插值函数。如果初始和终止的速度和加速度均为0，则图5-2所示为五次多项式表示运动轨迹时的运动特性曲线。从图中可看出：①位置、速度和加速度曲线连续光滑；②速度曲线从初始速度0逐渐加速和逐渐减速反复交替，最后使速度在终止时刻前平滑过渡回到0，没有突变；③虽在初始时刻和终止时刻加速度为0，但加速度缓慢增加和缓慢减少，其增减交替自然，因此在起动和最后制动时不会带来很大的冲击。

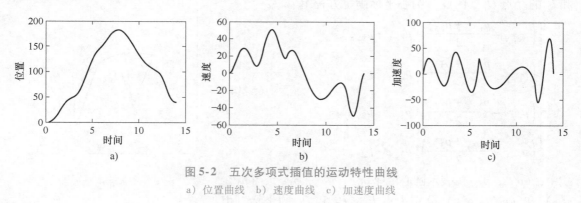

图5-2 五次多项式插值的运动特性曲线
a）位置曲线 b）速度曲线 c）加速度曲线

5.2 操作空间运动规划

操作空间运动规划对工业机器人的限制更大一些，除了要保证末端从一个点运动到另一个点外，还对如何运动做出了要求。例如，在涂胶作业中，需要让胶枪沿工件轮廓运动。操作空间运动规划的基础是直线和圆弧轨迹规划，复杂的轨迹可以通过它们的组合来实现。

5.2.1 直线轨迹规划

直线轨迹规划是指让机器人的末端沿着直线从初始点 P_i 运动到终止点 P_f，如图5-3所示。

末端在某一时刻 t 的位置向量 $P(t)$ 可表示为

$$P(t) = P_i + s(t)\overrightarrow{P_iP_f} \tag{5-13}$$

式中，$s(t)$ 为沿直线运动的位移，是时间 t 的函数；$\overrightarrow{P_iP_f}$ 为从起始点指向终止点的单位向量。通过对 $s(t)$ 进行设计，可控制末端在直线上的运动规律。

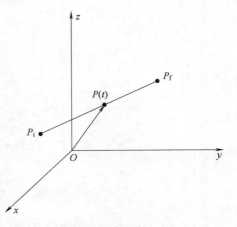

5.2.2 圆弧轨迹规划

圆弧轨迹规划是指让机器人的末端沿着圆弧运动。圆弧的指定方式有多种，一般采用三个点来确定，即依据"空间中的三个点确定一个圆"。其中第一个点表示圆弧的起点，第二个点表示圆弧的路径点，第三个点表示圆弧的终点。末端沿圆弧运动，相当于绕过圆心、垂直于圆所在平面的轴线转动。因此，可以圆心角 θ 为参数，对末端的位置进行插补。

图 5-3　直线轨迹规划

1. 平面上的圆弧

如图 5-4 所示，在平面 Oxy 中，起始点 P_1、路径点 P_2 和终止点 P_3 确定了一段圆弧。圆心为线段 P_1P_2 和 P_2P_3 公垂线的交点，即图中直线 l_1 和 l_2 的交点 O_c。因此，圆心坐标满足方程组

$$\begin{cases} \left(p_{c,x} - \dfrac{p_{1,x} + p_{2,x}}{2}\right)(p_{2,x} - p_{1,x}) + \\ \left(p_{c,y} - \dfrac{p_{1,y} + p_{2,y}}{2}\right)(p_{2,y} - p_{1,y}) = 0 \\ \left(p_{c,x} - \dfrac{p_{2,x} + p_{3,x}}{2}\right)(p_{3,x} - p_{2,x}) + \\ \left(p_{c,y} - \dfrac{p_{2,y} + p_{3,y}}{2}\right)(p_{3,y} - p_{2,y}) = 0 \end{cases} \tag{5-14}$$

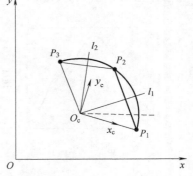

式中，$(p_{c,x}, p_{c,y})$ 表示圆心的坐标；$(p_{1,x}, p_{1,y})$、$(p_{2,x}, p_{2,y})$ 和 $(p_{3,x}, p_{3,y})$ 分别为点 P_1、P_2 和 P_3 的坐标。由式（5-14）可求出圆心的坐标为

图 5-4　平面上的圆弧

$$\begin{cases} p_{c,x} = \dfrac{(b-a)(p_{3,x} - p_{2,x}) - (c-b)(p_{2,x} - p_{1,x})}{2\left[(p_{2,y} - p_{1,y})(p_{3,x} - p_{2,x}) - (p_{2,x} - p_{1,x})(p_{3,y} - p_{2,y})\right]} \\ p_{c,y} = \dfrac{(c-b)(p_{2,y} - p_{1,y}) - (b-a)(p_{3,y} - p_{2,y})}{2\left[(p_{2,y} - p_{1,y})(p_{3,x} - p_{2,x}) - (p_{2,x} - p_{1,x})(p_{3,y} - p_{2,y})\right]} \end{cases} \tag{5-15}$$

式中，$a = p_{1,x}^2 + p_{1,y}^2$；$b = p_{2,x}^2 + p_{2,y}^2$；$c = p_{3,x}^2 + p_{3,y}^2$。

圆弧的半径为

$$R = \sqrt{(p_{1,x} - p_{c,x})^2 + (p_{1,y} - p_{c,y})^2} \tag{5-16}$$

以圆心为原点、O_cP_1 为 x 轴建立坐标系 $O_cx_cy_c$。坐标系 $O_cx_cy_c$ 相对于原坐标系 Oxy 的变换矩阵为

$$\,_{c}^{0}\boldsymbol{T} = \begin{pmatrix} c(\alpha) & -s(\alpha) & p_{c,x} \\ s(\alpha) & c(\alpha) & p_{c,y} \\ 0 & 0 & 1 \end{pmatrix} \tag{5-17}$$

式中，$\,_{c}^{0}\boldsymbol{T}$ 为二维空间中的齐次变换矩阵；α 为坐标系 $O_{c}x_{c}y_{c}$ 绕垂直于纸面向外的轴线转动的角度，

$$\alpha = \arctan(p_{1,y} - p_{c,y}, p_{1,x} - p_{c,x}) \tag{5-18}$$

在坐标系 $O_{c}x_{c}y_{c}$ 中，圆弧起始点 P_{1} 和终止点 P_{3} 的坐标为

$$\begin{pmatrix} {}^{c}p_{1,x} \\ {}^{c}p_{1,y} \end{pmatrix} = \,_{c}^{0}\boldsymbol{T}^{-1} \begin{pmatrix} p_{1,x} \\ p_{1,y} \end{pmatrix} \tag{5-19}$$

$$\begin{pmatrix} {}^{c}p_{3,x} \\ {}^{c}p_{3,y} \end{pmatrix} = \,_{c}^{0}\boldsymbol{T}^{-1} \begin{pmatrix} p_{3,x} \\ p_{3,y} \end{pmatrix} \tag{5-20}$$

式中，$({}^{c}p_{1,x}, {}^{c}p_{1,y})$ 和 $({}^{c}p_{3,x}, {}^{c}p_{3,y})$ 分别为点 P_{1} 和 P_{3} 在坐标系 $O_{c}x_{c}y_{c}$ 中的坐标。

显然圆弧对应的圆心角为

$$\theta = \arctan({}^{c}p_{3,y}, {}^{c}p_{3,x}) \tag{5-21}$$

对圆心角 θ 进行插补，可得到时刻 t 末端在圆弧上的位置

$$\begin{pmatrix} {}^{c}p_{x}(t) \\ {}^{c}p_{y}(t) \end{pmatrix} = \boldsymbol{R} \begin{pmatrix} c(\theta(t)) \\ s(\theta(t)) \end{pmatrix} \tag{5-22}$$

式中，$\theta(t)$ 表示圆心角的插补函数。变换回原坐标系 Oxy，可得到末端位置在原坐标系的坐标

$$\begin{pmatrix} p_{x}(t) \\ p_{y}(t) \end{pmatrix} = \boldsymbol{T} \begin{pmatrix} {}^{c}p_{x}(t) \\ {}^{c}p_{y}(t) \end{pmatrix} \tag{5-23}$$

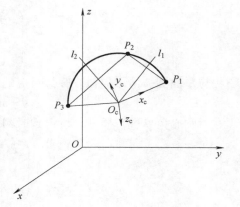

图 5-5　空间中的圆弧

2. 空间中的圆弧

空间中的圆弧更加复杂，但方法类似。首先确定圆弧的圆心和半径，然后建立新的坐标系，将点的坐标变换到新坐标系以便于求出圆心角及末端的插补点，最后将新坐标系中的末端坐标变换回原有坐标系。

如图 5-5 所示，以 $P_{1}P_{2}$ 和 $P_{2}P_{3}$ 为法线，过 $P_{1}P_{2}$ 和 $P_{2}P_{3}$ 中点的平面，与点 P_{1}、P_{2} 和 P_{3} 所在平面的交点即为圆弧的圆心，则

$$\begin{cases} (p_{c,x} - p_{m,1,x})v_{1,x} + (p_{c,y} - p_{m,1,y})v_{1,y} + (p_{c,z} - p_{m,1,z})v_{1,z} = 0 \\ (p_{c,x} - p_{m,2,x})v_{2,x} + (p_{c,y} - p_{m,2,y})v_{2,y} + (p_{c,z} - p_{m,2,z})v_{2,z} = 0 \\ (p_{c,x} - p_{1,x})n_{x} + (p_{c,y} - p_{1,y})n_{y} + (p_{c,z} - p_{1,z})n_{z} = 0 \end{cases} \tag{5-24}$$

式中，$\boldsymbol{p}_{m,1} = (p_{m,1,x} \quad p_{m,1,y} \quad p_{m,1,z})^{\mathrm{T}}$ 为线段 $P_{1}P_{2}$ 的中点，$\boldsymbol{p}_{m,1} = \dfrac{\boldsymbol{p}_{1} + \boldsymbol{p}_{2}}{2}$；线段 $P_{2}P_{3}$ 的中点为 $\boldsymbol{p}_{m,2} = \dfrac{\boldsymbol{p}_{2} + \boldsymbol{p}_{3}}{2}$，$\boldsymbol{p}_{m,2} = (p_{m,2,x} \quad p_{m,2,y} \quad p_{m,2,z})^{\mathrm{T}}$；$\boldsymbol{v}_{1} = \boldsymbol{p}_{2} - \boldsymbol{p}_{1}$ 表示向量 $P_{1}P_{2}$，

$\boldsymbol{v}_1 = (v_{1,x} \quad v_{1,y} \quad v_{1,z})^{\mathrm{T}}$；$\boldsymbol{v}_2 = \boldsymbol{p}_3 - \boldsymbol{p}_2$ 表示向量 P_2P_3，$\boldsymbol{v}_2 = (v_{2,x} \quad v_{2,y} \quad v_{2,z})^{\mathrm{T}}$；点 P_1、P_2 和 P_3 所在平面的法线为 $\boldsymbol{n} = P_1P_2 \times P_1P_3$，$\boldsymbol{n} = (n_x \quad n_y \quad n_z)^{\mathrm{T}}$。

根据式（5-24）可计算出圆心坐标

$$\begin{pmatrix} p_{c,x} \\ p_{c,y} \\ p_{c,z} \end{pmatrix} = \begin{pmatrix} \boldsymbol{v}_1^{\mathrm{T}} \\ \boldsymbol{v}_2^{\mathrm{T}} \\ \boldsymbol{n}^{\mathrm{T}} \end{pmatrix}^{-1} \begin{pmatrix} \boldsymbol{p}_{m,1} \cdot \boldsymbol{v}_1 \\ \boldsymbol{p}_{m,2} \cdot \boldsymbol{v}_2 \\ \boldsymbol{p}_1 \cdot \boldsymbol{n} \end{pmatrix} \tag{5-25}$$

则圆弧半径为

$$R = \sqrt{(p_{1,x} - p_{c,x})^2 + (p_{1,y} - p_{c,y})^2 + (p_{1,z} - p_{c,z})^2} \tag{5-26}$$

以圆心为原点、O_cP_1 为 x 轴、$\boldsymbol{n}$ 为 z 轴建立坐标系 $O_cx_cy_cz_c$，则坐标系 $O_cx_cy_cz_c$ 相对于原坐标系 $Oxyz$ 的变换矩阵为

$${}^0_c\boldsymbol{T} = \begin{pmatrix} \boldsymbol{e} & \boldsymbol{n}_0 \times \boldsymbol{e} & \boldsymbol{n}_0 & \boldsymbol{p}_c \\ 0 & 0 & 0 & 1 \end{pmatrix} \tag{5-27}$$

式中，$\boldsymbol{e}$ 为向量 $\overrightarrow{O_cP_1}$ 的单位向量；$\boldsymbol{n}_0$ 为法线 $\boldsymbol{n}$ 的单位向量。

将圆弧起始点 P_1 和终止点 P_3 的位置向量变换到坐标系 $O_cx_cy_cz_c$ 中，则 z 轴上的分量为 0，则

$$\begin{pmatrix} {}^cp_{1,x} \\ {}^cp_{1,y} \\ 0 \end{pmatrix} = {}^0_c\boldsymbol{T}^{-1} \begin{pmatrix} p_{1,x} \\ p_{1,y} \\ p_{1,z} \end{pmatrix} \tag{5-28}$$

$$\begin{pmatrix} {}^cp_{3,x} \\ {}^cp_{3,y} \\ 0 \end{pmatrix} = {}^0_c\boldsymbol{T}^{-1} \begin{pmatrix} p_{3,x} \\ p_{3,y} \\ p_{3,z} \end{pmatrix} \tag{5-29}$$

与平面圆弧情形类似，圆弧对应的圆心角为

$$\theta = \arctan({}^cp_{3,y}, {}^cp_{3,x}) \tag{5-30}$$

对圆心角 θ 进行插补，可得到时刻 t 末端在圆弧上的位置

$$\begin{pmatrix} {}^cp_x(t) \\ {}^cp_y(t) \\ 0 \end{pmatrix} = R \begin{pmatrix} \mathrm{c}(\theta(t)) \\ \mathrm{s}(\theta(t)) \\ 0 \end{pmatrix} \tag{5-31}$$

式中，$\theta(t)$ 表示圆心角的插补函数。根据式（5-27），变换回原坐标系，可得到末端位置在原坐标系 $Oxyz$ 的坐标为

$$\begin{pmatrix} p_x(t) \\ p_y(t) \\ p_z(t) \end{pmatrix} = {}^0_c\boldsymbol{T} \begin{pmatrix} {}^cp_x(t) \\ {}^cp_y(t) \\ 0 \end{pmatrix} = {}^0_c\boldsymbol{T} \begin{pmatrix} R\mathrm{c}(\theta(t)) \\ R\mathrm{s}(\theta(t)) \\ 0 \end{pmatrix} \tag{5-32}$$

5.2.3 速度曲线

末端在笛卡儿空间中的运动轨迹与具体的工艺参数有关，除了让末端沿着特定形状的曲线运动外，通常还要控制运动速度，避免机器人的速度、加速度突变带来的冲击。因此，需要对末端运动的速度曲线进行设计。常用的速度曲线有梯形速度曲线和 S 形速度曲线。

1. 梯形速度曲线

梯形速度曲线指速度的曲线为梯形。如图 5-6b 所示，在梯形速度曲线中，初始和终止速度均为 0。速度曲线为分段函数，有匀加速段、匀速段和匀减速段三段，即

$$v(t) = \begin{cases} at, & 0 \leqslant t < t_c \\ v_c, & t_c \leqslant t < t_f - t_c \\ v_c - a(t - (t_f - t_c)), & t_f - t_c \leqslant t \leqslant t_f \end{cases} \tag{5-33}$$

式中，a 为匀加速和匀减速时加速度的大小；v_c 为匀速段的速度大小；t_f 为总的运动时间。因加速和减速时加速度大小相同，且终止速度也为 0，故加速时间和减速时间均为 t_c。

对式（5-33）进行积分，可得到位置表达式

$$s(t) = \begin{cases} \dfrac{1}{2}at^2, & 0 \leqslant t < t_c \\ \dfrac{1}{2}at_c^2 + v_c(t - t_c), & t_c \leqslant t < t_f - t_c \\ s_{\text{total}} - \dfrac{1}{2}a(t_f - t)^2, & t_f - t_c \leqslant t \leqslant t_f \end{cases} \tag{5-34}$$

给定加速度 a 和匀速段的速度 v_c，可得到匀加速所用的时间

$$t_c = \frac{v_c}{a} \tag{5-35}$$

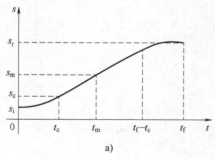

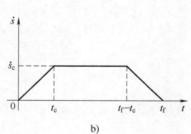

a)　　　　　　　　　　　b)

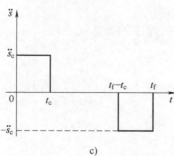

c)

图 5-6　梯形速度曲线的运动特性

a）位置曲线　b）速度曲线　c）加速度曲线

而速度曲线的面积等于总位移，于是有

$$\frac{1}{2}v_c[t_f + (t_f - 2t_c)] = v_c\left(t_f - \frac{v_c}{a}\right) = s_{\text{total}} \tag{5-36}$$

式中，s_{total} 为总位移。则总的运动时间为

$$t_{\text{f}} = \frac{s_{\text{total}}}{v_{\text{c}}} + \frac{v_{\text{c}}}{a} \tag{5-37}$$

2. S 形速度曲线

由图 5-6b 可看出，梯形速度曲线虽然速度连续，没有突变，但不光滑，加速度会突变，这会在加速、匀速和减速段之间切换时给机器人带来冲击。为避免这种情况，引入加加速度的概念，可让加速度以一定的加加速度增大或减小，让加速度也连续。因此，其速度曲线为字母"S"形，称为 S 形速度曲线，如图 5-7 所示。

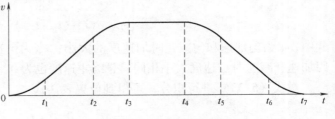

图 5-7　S 形速度曲线

假设起始和终止速度均为 0，加速和减速阶段均有匀加速和匀减速段，且有匀速运动阶段，则 S 形速度曲线可分为 7 段：①$0 \leqslant t < t_1$，加速度为正，均匀增大；②$t_1 \leqslant t < t_2$，加速度为正常数；③$t_2 \leqslant t < t_3$，加速度为正，均匀减小，最终减至 0；④$t_3 \leqslant t < t_4$，加速度为 0，匀速运动；⑤$t_4 \leqslant t < t_5$，加速度为负，均匀增大；⑥$t_5 \leqslant t < t_6$，加速度为负常数；⑦$t_6 \leqslant t < t_7$，加速度为负，均匀减小，最终减至 0，速度也降为 0。根据加速度的 7 个阶段，加速度 $a(t)$ 的表达式为

$$a(t) = \begin{cases} jt, & 0 \leqslant t < t_1 \\ a_{\text{c}}, & t_1 \leqslant t < t_2 \\ a_{\text{c}} - j(t - t_2), & t_2 \leqslant t < t_3 \\ 0, & t_3 \leqslant t < t_4 \\ -j(t - t_4), & t_4 \leqslant t < t_5 \\ -a_{\text{c}}, & t_5 \leqslant t < t_6 \\ -a_{\text{c}} + j(t - t_6), & t_6 \leqslant t < t_7 \end{cases} \tag{5-38}$$

式中，j 为加加速度；a_{c} 为匀加速或匀减速时加速度的大小。加加速度段的时间为

$$t_1 = \frac{a_{\text{c}}}{j} \tag{5-39}$$

对式（5-38）进行积分，可得速度的表达式，即

$$v(t) = \begin{cases} \dfrac{1}{2}jt^2, & 0 \leqslant t < t_1 \\[2mm] \dfrac{1}{2}jt_1^2 + a_{\text{c}}(t - t_1), & t_1 \leqslant t < t_2 \\[2mm] v_{\text{c}} - \dfrac{1}{2}j(t_2 - t)^2, & t_2 \leqslant t < t_3 \\[2mm] v_{\text{c}}, & t_3 \leqslant t < t_4 \\[2mm] v_{\text{c}} - \dfrac{1}{2}j(t - t_4)^2, & t_4 \leqslant t < t_5 \\[2mm] v_{\text{c}} - \dfrac{1}{2}j(t_5 - t_4)^2 - a_{\text{c}}(t - t_5), & t_5 \leqslant t < t_6 \\[2mm] v_{\text{c}} - \dfrac{1}{2}j(t_5 - t_4)^2 - a_{\text{c}}(t - t_5) + \dfrac{1}{2}j(t_6 - t)^2, & t_6 \leqslant t < t_7 \end{cases} \tag{5-40}$$

由于加速段的加速度曲线是一个等腰梯形，因此有

$$t_1 = t_3 - t_2 \tag{5-41}$$

根据速度的连续性可得

$$v(t_3) = \frac{1}{2}jt_1^2 + a_{\rm c}(t_2 - t_1) - \frac{1}{2}j(t_3 - t)^2 = v_{\rm c} \tag{5-42}$$

结合式（5-41）和式（5-42）可计算出 t_2 和 t_3 的值

$$\begin{cases} t_2 = t_1 + \dfrac{\left(v_{\rm c} - \frac{1}{2}jt_1^2\right)}{a_{\rm c}} \\[4mm] t_3 = 2t_1 + \dfrac{\left(v_{\rm c} - \frac{1}{2}jt_1^2\right)}{a_{\rm c}} \end{cases} \tag{5-43}$$

由加速度曲线的对称性可得

$$\begin{cases} t_7 - t_6 = t_1 \\ t_7 - t_5 = t_2 \\ t_7 - t_4 = t_3 \end{cases} \tag{5-44}$$

对式（5-40）进行积分，可得到位置的表达式为

$$s(t) = \begin{cases} \dfrac{1}{6}jt^3, & 0 \leqslant t < t_1 \\[3mm] \dfrac{1}{6}jt_1^3 + \dfrac{1}{2}\left[jt_1^2 + a_{\rm c}(t - t_1)\right](t - t_1), & t_1 \leqslant t < t_2 \\[3mm] s_3 - \dfrac{1}{6}j(t_3 - t)^3, & t_2 \leqslant t < t_3 \\[3mm] s_3 + v_{\rm c}(t - t_3), & t_3 \leqslant t < t_4 \\[3mm] s_3 + v_{\rm c}(t - t_3) - \dfrac{1}{6}j(t - t_4)^3, & t_4 \leqslant t < t_5 \\[3mm] s_7 - \dfrac{1}{6}j(t_7 - t_6)^3 - \dfrac{1}{2}\left[j(t_7 - t_6)^2 + a_{\rm c}(t_6 - t)\right](t_6 - t), & t_5 \leqslant t < t_6 \\[3mm] s_7 - \dfrac{1}{6}j(t_7 - t)^3, & t_6 \leqslant t < t_7 \end{cases} \tag{5-45}$$

式中，s_3 表示加速段结束时的位移，有

$$s_3 = \frac{1}{2}v_{\rm c}t_3 \tag{5-46}$$

根据曲线的对称性，加速段与减速段的位移相等。若 s_7 为总位移，则 $2s_3 + v_{\rm c}t_{\rm c} = s_7$，那么

$$t_{\rm c} = \frac{s_7 - 2s_3}{v_{\rm c}} \tag{5-47}$$

式中，$t_{\rm c}$ 为匀速运动段的持续时间。

由式（5-39）、式（5-41）、式（5-43）和式（5-47），可得到各个运动阶段的时刻

$$\begin{cases} t_1 = \dfrac{a_c}{j} \\[2mm] t_2 = t_1 + \dfrac{\left(v_c - \dfrac{1}{2}jt_1^2\right)}{a_c} \\[4mm] t_3 = 2t_1 + \dfrac{\left(v_c - \dfrac{1}{2}jt_1^2\right)}{a_c} \\[4mm] t_4 = t_3 + t_c \\[1mm] t_5 = t_4 + t_1 \\[1mm] t_6 = t_4 + t_2 \\[1mm] t_7 = 2t_3 + t_c \end{cases} \quad (5\text{-}48)$$

5.3 实训：AUBO 机器人的轨迹规划

5.3.1 关节空间轨迹规划

按照 5.1.1 中所述，采用三次多项式对 AUBO 机器人进行关节轨迹规划，实现的 MAT-LAB 代码为：

```
% 三次多项式关节空间插补算法
% 规划参数（第一段）
theta_initial = zeros(6,1);
theta_final = [45, 90, 145, 30, 50, 120];
dtheta_initial = zeros(6,1);
dtheta_final = zeros(6,1);
duration = 5;

% 计算三次多项式的系数（第二段）
a_0 = theta _initial;
a_1 = dtheta _initial;
a_2 = (3/duration^2) * (theta_final – theta_initial) – …
    (2/duration) * dtheta_initial – (1/duration) * dtheta_final;
a_3 = – (2/duration^2) * (theta_final – theta_initial) – …
    (1/duration) * (dtheta_initial + dtheta_final);

% 插补（第三段）
num_steps = 1000;
theta = zeros(6, num_steps + 1);
theta(:,1) = joint_angle_initial;
```

```
end_position = zeros(3, num_steps + 1);
end_pose = aubo_robot. forkinem(theta(:,1))
end_position(:,1) = end_pose(1:3,4);
for idx = 1:num_steps
t = double(idx)/double(num_steps) * duration;
theta(:,idx + 1) = a_0 + a_1 * t + a_2 * t^2 + a_3 * t^3;
end_pose = aubo_robot. forkinem(theta(:,idx + 1));
    end_position(:,idx + 1) = end_pose(1:3,4);
end

% 画图,显示轨迹规划结果(第四段)
figure('Title', 'Joint angle');
hold on;
for idx = 1:6
    plot(0:(duration/1000):duration, theta(idx,:));
end

figure('Title', 'End position');
hold on;
for idx = 1:3
    plot(0:(duration/1000):duration, end_position(idx,:));
end
```

本节第一段 MATLAB 代码为给定规划参数。其中初始关节角 $\boldsymbol{\theta}_i = (0\ \ 0\ \ 0\ \ 0\ \ 0\ \ 0)^T$,终止关节角 $\boldsymbol{\theta}_f = (45°\ \ 90°\ \ 145°\ \ 30°\ \ 50°\ \ 120°)^T$,初始和终止时刻的速度 $\dot{\boldsymbol{\theta}}_i$ 和 $\dot{\boldsymbol{\theta}}_f$ 均为 0,运动持续时间为 5s。

本节第二段和第三段 MATLAB 代码为根据式 (5-6) 计算各系数。设置插补次数为 1000 次,计算每一步的关节角,对机器人的关节轨迹进行插补。

本节第四段 MATLAB 代码为通过图形化的方式显示所规划的运动轨迹及对应的末端运动轨迹。

5.3.2　笛卡儿空间轨迹规划

1. 直线轨迹规划

按照 5.2.1 和 5.2.3 中所述,采用梯形速度曲线对 AUBO 机器人进行直线轨迹规划。实现的 MATLAB 代码为:

```
% 直线轨迹规划,梯形速度曲线
% 规划参数(第一段)
pose_initial = eye(4,4);
pose_initial(1:3,4) = [100; 100; 50];
```

```
rpy_initial = [0; 0; 0];
pose_initial(1:3,1:3) = rpy2matrix(rpy_initial);
pose_final = eye(4,4);
pose_final(1:3,4) = [300, 300, 200];
rpy_final = [30; 45; 60];
pose_final(1:3,1:3) = rpy2matrix(rpy_final);
vel_const = 100;
acc = 100;

% 计算总长度和运动方向(第二段)
len_total = norm(pose_final(1:3,4) - pose_initial(1:3,4), 2);
direction = (pose_final(1:3,4) - pose_initial(1:3,4))/ len_total;

% 计算各阶段时间(第三段)
t_1 = vel_const/acc;
duration = len_total/vel_const + vel_const/acc;
t_2 = duration - t_1;

% 插补(第四段)
num_steps = 1000;
end_position = zeros(3, num_steps + 1);
end_position(:,1) = pose_initial(1:3,4);
theta = zeros(6, num_steps + 1);
theta(:,1) = aubo_robot.invkinem(pose_initial, zeros(6,1));
for idx = 1:(num_steps + 1)
t = double(idx)/double(num_steps) * duration;
if (0 <= t)&&(t < t_1)
    len = 1/2 * acc * t^2;
elseif(t_1 <= t)&&(t < t_2)
    len = 1/2 * acc * t_1^2 + vel_const * (t - t_1);
else
    len = len_total - 1/2 * acc * (duration - t)^2;
end

    end_position(1:3,idx + 1) = pose_initial(1:3,4) + len * direction;
end_pose = eye(4,4);
end_pose(1:3,4) = end_position(1:3,idx + 1);
% 姿态跟随位置变化(第五段)
rpy = (rpy_final - rpy_initial) * len/len_total;
end_pose(1:3,1:3) = rpy2matrix(rpy);
    theta(:,idx + 1) = aubo_robot.invkinem(end_pose, theta(:,idx));
end
```

```
% 画图,显示轨迹规划结果(第六段)
figure('Title','Joint angle');
hold on;
for idx = 1:6
    plot(0:(duration/1000):duration, theta(idx,:));
end

figure('Title','End position');
hold on;
for idx = 1:3
    plot(0:(duration/1000):duration, end_position(idx,:));
end
```

本节第一段 MATLAB 代码为给定规划参数。末端的初始位姿为：位置 $\boldsymbol{p}_i = (100\ \ 100\ \ 50)^T$，姿态采用 RPY 欧拉角，$\boldsymbol{\xi}_i = (0\ \ 0\ \ 0)^T$。末端的终止位姿为：位置 $\boldsymbol{p}_f = (300\ \ 300\ \ 200)^T$，姿态为 $\boldsymbol{\xi}_f = (30\ \ 45\ \ 60)^T$。匀速运动段速度为 $v_c = 100\text{mm/s}$，加速度为 $a = 100\text{mm/s}^2$。

本节第二段至第五段 MATLAB 代码为初始和终止时的位置，计算所要运动的位移和方向。根据式（5-35）和式（5-37）计算加速段的持续时间和总的运动时间。设置插补次数为 1000 次，计算每一步的关节角，对机器人的关节轨迹进行插补。

本节第六段 MATLAB 代码为通过图形化的方式显示所规划的运动轨迹及对应的末端运动轨迹。

2. 圆弧轨迹规划

按照 5.2.2 和 5.2.3 中所述，采用 S 形速度曲线对 AUBO 机器人进行圆弧轨迹规划。实现的 MATLAB 代码为：

```
% 圆弧轨迹规划,S形速度曲线
% 规划参数(第一段)
point_1 = [100; 100; 50];
point_2 = [250; 180; 150];
point_3 = [300; 300; 200];
pose_initial = eye(4,4);
pose_initial(1:3,4) = point_1;
rpy_initial = [0; 0; 0];
pose_initial(1:3,1:3) = rpy2matrix(rpy_initial);
pose_final = eye(4,4);
pose_final(1:3,4) = point_3;
rpy_final = [30; 45; 60];
pose_final(1:3,1:3) = rpy2matrix(rpy_final);
vel_const = 100;
acc_const = 100;
jerk = 100;
```

```matlab
% 计算圆弧参数(第二段)
vect_1 = point_2 - point_1;
vect_2 = point_3 - point_2;
normal = cross(vect_1, vect_2);
mat_coeff = [vect_1'; vect_2'; vect_3'];
point_mid_1 = 1/2 * (point_1 + point_2);
point_mid_2 = 1/2 * (point_2 + point_3);
mat_b = zeros(3,1);
mat_b(1) = point_mid_1' * vect_1;
mat_b(2) = point_mid_2' * vect_2;
mat_b(3) = point_1' * normal;
center_position = inv(mat_coeff) * mat_b;
radius = norm(point_1 - center_position, 2);

% 变换矩阵(第三段)
mat_transf = eye(4,4);
vect_x = (point_1 - center_position) / radius;
vect_z = normal / norm(normal,2);
vect_y = cross(vect_z, vect_x);
mat_transf(1:3,1:3) = [vect_x, vect_y, vect_z];
mat_transf(1:3,4) = center_position;

point_3_new_homo = inv(mat_transf) * [point_3; 1];
center_angle = atan2(point_3_new_homo(2), point_3_new_homo(1));

% 计算圆心角变化的速度、加速度和加加速度(第四段)
v_new = vel_const / radius;
a_new = acc_const / radius;
j_new = jerk / radius;

% 计算各阶段时间、临界速度和位移(第五段)
t_1 = a_new / jerk;
t_3 = v_new/a_new + a_new/j_new;
t_2 = t_3 - t_1;
v_1 = 1/2 * j_new * t_1^2;
s_1 = 1/6 * j_new * t_1^3;
v_2 = v_1 + j_new*t_1*(t_2-t_1);
s_2 = s_1 + v_1*(t_2-t_1) + 1/2*j_new*t_1*(t_2-t_1)^2;
v_3 = v_2 - j_new*t_1*t_2 - 1/2*j_new*t_2^2 - 1/2*j_new*t_3^2 + (j_new*t_1 +j_new*t_2)
*t_3;
s_3 = s_2 + (v_2 - j_new*t_1*t_2 -1/2*j_new*t_2^2)*(t_3 - t_2) - 1/6*j_new*(t_3^3 -
t_2^3) + 1/2*(j_new*t_1 +j_new*t_2)*(t_3^2 - t_2^2);
```

```
t_4 = t_3 + (center_angle - 2 * s_3)/v_new;
t_5 = t_4 + t_1;
t_6 = t_4 + t_2;
t_7 = t_4 + t_3;
v_4 = v_3;
s_4 = s_3 + v_3 * (t_4 - t_3);
v_5 = v_4 - 1/2 * j_new * (t_5 - t_4)^2;
s_5 = s_4 + (v_4 - 1/2 * j_new * t_4^2) * (t_5 - t_4) - 1/6 * j_new * (t_5^3 - t_4^3) + 1/2 * j_new * t_4
* (t_5^2 - t_4^2);
v_6 = v_5 + j_new * (t_5 - t_4) * (t_6 - t_5);
s_6 = s_5 + 1/2 * (v_5 + v_6) * (t_6 - t_5);

%    插补(第六段)
num_steps = 1000;
end_position = zeros(3, num_steps + 1);
end_position(:,1) = pose_initial(1:3,4);
theta = zeros(6, num_steps + 1);
theta(:,1) = aubo_robot. invkinem(pose_initial, zeros(6,1));
for idx = 1:(num_steps + 1)
t = double(idx)/double(num_steps) * duration;
if(0 < = t)&&(t < t_1)
    rot_angle = 1/2 * acc * t^2;
elseif(t_1 < = t)&&(t < t_2)
    rot_angle = 1/2 * acc * t_1^2 + vel_const * (t - t_1);
elseif(t_2 < = t)&&(t < t_3)
    rot_angle = 1/2 * acc * t_1^2 + vel_const * (t - t_1);
elseif(t_3 < = t)&&(t < t_4)
    rot_angle = 1/2 * acc * t_1^2 + vel_const * (t - t_1);
elseif(t_4 < = t)&&(t < t_5)
    rot_angle = 1/2 * acc * t_1^2 + vel_const * (t - t_1);
elseif(t_5 < = t)&&(t < t_6)
    rot_angle = 1/2 * acc * t_1^2 + vel_const * (t - t_1);
else
    rot_angle = center_angle - 1/2 * acc * (duration - t)^2;
end

    end_position_new = radius * [cos(rot_angle); sin(rot_angle); 0];
    end_position(1:3,idx + 1) = mat_transf(1:3,:) * end_position_new;
end_pose = eye(4,4);
end_pose(1:3,4) = end_position(1:3,idx + 1);
% 姿态跟随位置变化(第七段)
rpy = (rpy_final - rpy_initial) * rot_angle/center_angle;
```

```
end_pose(1:3,1:3) = rpy2matrix(rpy);
    theta(:,idx + 1) = aubo_robot.invkinem(end_pose, theta(:,idx));
end

% 画图,显示轨迹规划结果(第八段)
figure('Title','Joint angle');
hold on;
for idx = 1:6
    plot(0:(duration/1000):duration, theta(idx,:));
end

figure('Title','End position');
hold on;
for idx = 1:3
    plot(0:(duration/1000):duration, end_position(idx,:));
end
```

本节第一段 MATLAB 代码为给定规划参数。圆弧的 3 个点为:$\boldsymbol{p}_1 = \begin{pmatrix} 100 & 100 & 50 \end{pmatrix}^T$,$\boldsymbol{p}_2 = \begin{pmatrix} 250 & 180 & 150 \end{pmatrix}^T$,$\boldsymbol{p}_3 = \begin{pmatrix} 300 & 300 & 200 \end{pmatrix}^T$。姿态采用 RPY 欧拉角,初始姿态 $\boldsymbol{\xi}_i = \begin{pmatrix} 0 & 0 & 0 \end{pmatrix}^T$,终止姿态 $\boldsymbol{\xi}_f = \begin{pmatrix} 30 & 45 & 60 \end{pmatrix}^T$。匀速运动段速度为 $v_c = 100\text{mm/s}$,匀加速度运动段加速度为 $a_c = 100\text{mm/s}^2$,加加速度为 $j = 100\text{mm/s}^3$。

本节第二段至第七段 MATLAB 代码为计算出空间圆弧的变换矩阵。根据式(5-47)计算加速段的持续时间和总的运动时间。设置插补次数为 1000 次,计算每一步的关节角,并对机器人的关节轨迹进行插补。

本节第八段 MATLAB 代码为通过图形化的方式显示所规划的运动轨迹及对应的末端运动轨迹。

思考与练习

5.1 轨迹规划有哪几种?分别指什么?

5.2 关节空间和笛卡儿空间轨迹规划各有什么特点?

5.3 采用三次和五次多项式规划机器人的轨迹各有什么特点?

5.4 初始和终止时刻的位移和速度为已知,具有四个已知参数,因此可以确定一个三次多项式:$\theta(t) = a_0 + a_1 t + a_2 t^2 + a_3 t^3$。已知 $\theta(t_i) = \theta_i$,$\theta(t_f) = \theta_f$,$\dot{\theta}(t_i) = 0$,$\dot{\theta}(t_f) = 0$。求 a_0、a_1、a_2、a_3。

5.5 在 5.4 题中,若起始速度为 v_0,终止速度为 v_f,其他条件一样,则 a_0、a_1、a_2、a_3 又为多少?三次多项式轨迹规划是多少?

5.6 假设机器人末端的初始位置为 $\boldsymbol{p}_i = \begin{pmatrix} 1 & 2 & 3 \end{pmatrix}^T$,终止位置为 $\boldsymbol{p}_f = \begin{pmatrix} 2 & 4 & 5 \end{pmatrix}^T$(单位均为 mm),末端沿直线以速度 0.1mm/s 从初始位置运动到终止位置,采用直线插补规划

机器人的运动。

5.7　比较梯形速度曲线和 S 形速度曲线的特点。

5.8　已知圆弧上的三个点 $p_1 = (20\text{mm}\quad 60\text{mm}\quad 30\text{mm}\quad 0.7\text{rad}\quad 0.8\text{rad}\quad 1.5\text{rad})$，$p_2 = (42\text{mm}\quad 30\text{mm}\quad 40\text{mm}\quad 0.5\text{rad}\quad 1\text{rad}\quad 1.2\text{rad})$，$p_3 = (30\text{mm}\quad 50\text{mm}\quad 60\text{mm}\quad 0.3\text{rad}\quad 0.5\text{rad}\quad 0.7\text{rad})$，采用周期时间 0.02s，匀速段的速度为 400mm/s，最大速度为 2000mm/s，加速度为 1500mm/s²，最大加速度为 20000mm/s²，通过编程画出空间圆弧路径规划图。

第6章 工业机器人编程语言

6.1 编程语言分类

工业机器人是一种能够独立运行的自动化设备。为了控制机器人完成期望的任务，必须要用机器人控制系统能够识别的机器人语言编写程序来控制机器人执行任务。

目前工业机器人还没有统一的编程语言，每家机器人公司都设计了自己特有的机器人语言。例如，YASKAWA 公司开发的机器人语言为 INFORM，ABB 公司开发的为 RAPID，KUKA 公司开发的为 KRL，AUBO 公司开发的为 AUBO Script 等。这些机器人语言大多是基于机器人领域现有的编程语言，遵循相应的语法，只是出于应用场景的需要和编程的方便，在其基础上做了一定的封装或处理。虽然机器人语言多种多样，但都具有相似的架构和功能模块，编程方法也相通。因此，只需学会一门机器人语言，其他语言也可很容易掌握。

按照功能的不同，机器人语言一般可分为运算指令、参数设置和读取指令、运动控制指令、程序控制指令、外围设备控制指令等部分。每个机器人厂商为方便查询，也可按照自己的方法进行分类。

（1）运算指令

运算指令主要提供基本的算术、函数、矩阵、逻辑运算及与机器人相关的函数等。算术运算包括加、减、乘、除运算等，函数运算包括正弦（余弦）三角函数、平方根函数、向量的叉乘和点积等，矩阵运算包括矩阵乘法、求逆、转置等，逻辑运算包括与、或、非等，与机器人相关的函数则有正（逆）运动学和坐标变换等。

（2）参数设置和读取指令

参数设置主要设置机器人的运动参数、通信方式和 I/O（Input/Output）端口（AUBO 的 I/O 扩展板实物如图 6-1 所示）等，读取指令为读取机器人的系统和状态信息、设置的参数等。设置的参数主要有：①关节和末端的最大速度、加速度，路点信息等；②基准坐标系；③IP（Internet Protocol）地址和端口；④控制柜 I/O 端口和末端预留工具 I/O 端口的功能等。除读取设置的参数外，读取机器人的系统和状态信息主要有：①机器人的版本信息，如型号、固件版本等；②关节电流、温度等；③当前的关节角度和速度、末端位姿等。

图 6-1　AUBO 的 I/O 扩展板

（3）运动控制指令

运动控制指令控制机器人的运动，是机器人语言中最重要的部分。运动控制主要包括：①关节运动，每个关节独立地从一个位置运动到另一个位置；②末端运动，让机器人末端沿着三维空间中的一条特定直线或圆弧轨迹运动，这需要各关节相互配合才能实现。关节运动常应用于对运动轨迹不作要求的简单任务，如只要求从一个位置运动到另一个位置的码垛。末端运动则针对需要沿着期望轨迹运动的任务，根据具体的任务要求，可能需要添加额外的路点信息或将多条轨迹拼接在一起，比较复杂，如沿着工件的轮廓打磨，需要解决边缘的过渡及非标准曲线的拟合等问题。为增加对机器人运动的控制能力，避免机器人与环境发生碰撞，末端运动使用得较多。

（4）程序控制指令

程序控制指令用于程序的定义及控制执行过程，如函数和变量的定义、条件判断、程序调用和跳转、等待、注释等。简单的任务一般一个函数就可实现。对于复杂的任务，为方便开发和维护，通常按功能将程序分解为几个小程序。机器人在执行任务时，有时也需根据外部信号的状态做相应的动作，因此需要条件判断对机器人的流程进行控制。注释用于说明函数代码块的功能或实现原理，这对代码的后期维护具有重要的意义。

（5）外围设备控制指令

外围设备控制指令用于控制外围设备，如控制相机、手爪或焊枪等，主要包含设备的通断或使能、获取传感设备信息、控制操作设备执行相应的动作等，由机器人厂商开发的设备包或工艺包提供。工业机器人独立完成的任务有限，通常与一些外围设备集成才能完成更复杂的任务。按照功能分类，外围设备可分为传感设备和操作设备。传感设备感知外界信息，用于机器人动作的决策。例如，光电开关可判断工件是否到达位置，从而决定机器人是等待还是操作。而相机可获取工件的形状和位置，确定拾取目标以及目标位置。操作设备是执行具体任务的工具，机器人的作用是将该工具移动到合适的位置并带动其按任务要求运动。例如，吸盘吸气代表拾取物体，放气代表释放物体；焊枪焊接表示开始焊接。

6.2　INFORM 语言

INFORM 语言目前已经发展到第三代 INFORM Ⅲ。按照功能的不同，INFORM 语言的指令可分为 7 类，见表 6-1。

表 6-1　INFORM Ⅲ语言的指令种类

类型	功能	示例
输入输出命令	执行输入输出控制的命令	DOUT、WAIT
控制命令	执行处理和作业控制的命令	JUMP、TIMER
运算命令	使用变量等进行运算的命令	ADD、SET
移动命令	与移动和速度相关的命令	MOVJ、REFP
平移命令	平行移动当前示教位置时使用的命令	SFTON、SFTOF
作业命令	与作业有关的命令	ARCON、WVON
选项命令	与选项功能有关的命令	

6.2.1　基本语法

INFORM 的指令一般由命令和附加项组成，如图 6-2 所示。这里"命令"表示要执行的操作和任务；"附加项"包含"标记符"和"数据"两部分，用于设定一些参数，如速度和时间等。

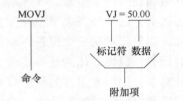

图 6-2　INFORM 指令的基本形式

在 INFORM 中，变量的名称与其类型有关，不能随意变更。表 6-2 为 INFORM 语言的变量类型，其中 ON 和 OFF 为布尔值，IN#、OT#、IG#、OG#、IGU#和 OGU#为与输入和输出端口有关的变量，其他为一般类型的变量。若有多个同类型变量，则变量之间通过数字进行区分。

表 6-2　INFORM 中的变量类型

类型	说明	类型	说明
ON	布尔值"真"	FL	标志变量
OFF	布尔值"假"	TF	时钟标志变量
IN#( )	通用输入信号	TM	时钟变量
OT#( )	通用输出信号	B/LB	字节型变量
IG#( )	通用输入组	I/LI	整数型变量
OG#( )	通用输出组	D/LD	双精度浮点数变量
IGU#( )	用户输入组	R/LR	实数类型变量
OGU#( )	用户输出组	S/LS	字符类型变量

变量的赋值采用 SET 指令，如：

```
SET I000 10
SET B000（B001 + B002）/B003 －（B004 + B005）* B006
```

这里第一行代码表示将 I000 的值设为 10，第二行代码表示将表达式（B001 + B002）/B003-（B004 + B005）* B006 的结果赋给变量 B000。

分支控制有两种实现方式：IF 和 SWITCH。IF 语句通过判断条件是否满足来切换执行的内容，其语法结构为：

```
IF(condition-1)THEN
…
ELSEIF(condition-2)THEN
…
ELSE
…
ENDIF
```

这里 condition-1 和 condition-2 为条件表达式，当条件满足时，执行紧随其后的代码，执行完成后随即跳转到 ENDIF。ELSEIF 和 ELSE 分支可以有，也可以没有。

SWITCH 语句通过变量的值进行分支控制。它适合多种分支的情形，若采用 IF 语句则会很烦琐。SWITCH 的语法结构为：

```
SWITCH variable
CASE expressionlist
…
CASE expressionlist-n
…
DEFAULT
…
ENDSWITCH
```

这里 variable 变量用于判断进入哪个分支，它与每个 CASE 的 expressionlist 进行比较，匹配后即完成随后相应的代码，执行完成后随即跳转到 ENDSWITCH。CASE 分支可有多个，DEFAULT 分支最多只能有 1 个。

循环可通过 WHILE 和 FOR 来实现。WHILE 根据条件语句判断是否循环，它的语法结构为：

```
WHILE(condition)
…
ENDWHILE
```

其中 condition 为条件判断语句，当 condition 为"真"时，执行循环体中的代码；当 condition 为"假"时，跳出循环。一般在循环体中会改变 condition 的值，从而在适当的时候跳出循环。FOR 循环可以指定循环的次数，其语法结构为：

```
FOR counter = start TO end STEP stepcount
[statements]
ENDSWITCH
```

这里 counter 用于控制循环的次数，start 为起始值，end 为终止值，stepcount 为步长。

INFORM 以任务（job）为基本单元，任务以 NOP 开始，END 结尾，其语法基本形式为：

```
NOP
…
END
```

其中，NOP 为空操作，一般作为任务的第一行，END 表示任务结束。在 INFORM 中，最多只能传递 8 个参数给任务，而任务只能返回一个值。

程序间的跳转可以通过 JUMP 跳转到某一标签处，或者通过 CALL 指令调用指定的函数。例如：

```
NOP
*1
JUMP JOB:1 IF IN#(1) = ON
JUMP JOB:2 IF IN#(2) = ON
JUMP *1
END
```

其中第二行以标签操作符"＊"设置此处为标签 1。第三行检测输入信号 1 的状态，如果为"真"，则跳转到任务 1，不执行后续代码，否则执行下一条指令。第四行检测输入信号 2 的状态，如果为"真"，则跳转到任务 2，不执行后续代码，否则执行下一条指令。第五行跳转到标签 1。这段代码表示：循环检测信号 1 和信号 2 的状态，以便于执行相应的任务；当信号 1 和信号 2 同时为"真"时，优先执行任务 1。

6.2.2 运动控制

INFORM 支持关节空间的点到点运动，笛卡儿空间中的直线、圆弧和样条曲线运动控制，以及增量控制方式，见表 6-3。

表 6-3　INFORM 语言的运动控制指令

函数	功能
MOVJ	在关节空间中进行插补，运动到示教位置
MOVL	在笛卡儿空间中沿直线运动到示教位置
MOVC	在笛卡儿空间中沿圆弧运动到示教位置
MOVS	在笛卡儿空间中沿样条曲线运动到示教位置
IMOV	增量运动，以当前位置为起始点，在笛卡儿空间中沿直线运动指定增量

使用运动控制指令时，可通过增加附加项的方式对机器人的运动特性进行控制。主要的运动特性包括：设置示教目标点、运动速度、位置等级、加速和减速调整比率等。例如：

```
MOVJ P000 VJ = 50.00
```

该行代码表示在关节空间中，以 50% 的速度运动到示教目标点 P000。

位置等级（Positioning Level）是指机器人经过示教位置的接近程度。当不需要严格到达示教点时，可进行适当放宽，从而保证运动的连续性。如图 6-3 所示，位置等级从 0 至 8 共分 9 级。当位置等级为 0 时，机器人严格到达路点；当位置等级为 1~8 时，机器人会以一定的交融半径对运动轨迹进行平滑处理，从而达到光滑过渡的目的。

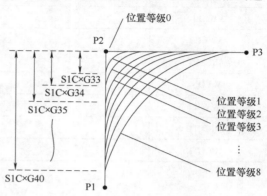

图 6-3　位置等级示意图

加速调整比率（Adaptive Cruise Control，ACC）和减速调整比率（Digital Equipment Corporation，DEC）可调整机器人的运动速度曲线，如图 6-4 所示。图中虚线为标准的速度曲线，ACC 和 DEC 分别控制加速段和减速段的倾斜度，从而适应加减速时给工具和工件带来的惯性力，增强机器人运动的稳定性。

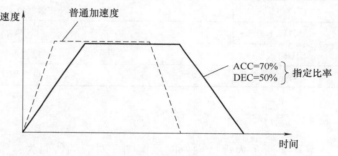

图 6-4　加减速调整比率示意图

6.2.3　扩展功能

INFORM 的扩展通过 I/O 端口实现。INFORM 以变量的方式实现对 I/O 端口的访问和设置，从而控制任务的执行及外部设备的运动。由于只能以状态的方式交互，因此其扩展能力较差，只能实现简单的功能，如手爪的开合（表 6-4）、工件是否到达等，对于视觉等复杂外围设备的支持较差。

表 6-4　INFORM 中手爪的函数

函数	功能
HAND	控制工具的开合
HSEN	检测工具传感器的状态

YASKAWA 公司针对弧焊和点焊工艺，在 INFORM 中专门设置了一些特殊函数，用于控制焊接的开始和停止、设置工艺参数等，见表 6-5 和表 6-6。这些函数能大大简化 YASKA-WA 机器人在焊接领域的应用难度，提高开发效率。

表 6-5　INFORM 中的弧焊工艺函数

函数	功能
ARCON	开始焊接
ARCOF	停止焊接

（续）

函数	功能
VWELD	设置焊接电压
AWELD	设置焊接电流
ARCSET	设置或改变焊接参数
WVON	开始避障操作
WVOF	停止避障操作
ARCCTS	控制开始阶段的电流和电压值
ARCCTE	控制终止阶段的电流和电压值

表 6-6   INFORM 中的点焊工艺函数

函数	功能
GUNCL	给气枪设置气压
SPOT	开始点焊
STOKE	设置焊接电压
STRWAIT	设置焊接电流

6.2.4   程序示例

图 6-5 所示为焊接操作的示意图，对应的代码为：

```
NOP
MOVJ VJ = 50. 00
MOVJ VJ = 80. 00
ARCON AC200 AVP = 100 T = 0. 30
MOVL V = 50
MOVL V = 50
ARCSET AC = 250
MOVL V = 65
ARCOF
MOVJ VJ = 50. 00
MOVJ VJ = 100. 00
END
```

第 2 行表示在关节空间中，以 50% 的速度运动到示教点 1。

第 3 行表示在关节空间中，以 50% 的速度从示教点 1 运动到示教点 2。

第 4 行表示开始进行焊接，焊接参数弧焊电压为 200V，输出电压比率为 100%，起焊时间为 0. 3s。

第 5 行表示在笛卡儿空间沿直线从示教点 2 运动到示教点 3，速度为 50%。

第 6 行表示在笛卡儿空间沿直线从示教点 3 运动到示教点 4，速度为 50%。

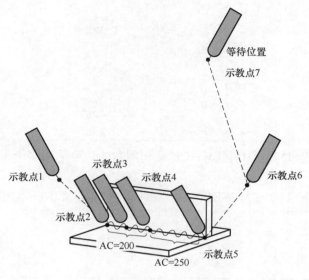

图 6-5 焊接过程

第 7 行为调整焊接参数，设置弧焊电压为 250V。

第 8 行表示继续沿直线从示教点 4 运动到示教点 5，速度为 65%。

第 9 行表示停止焊接。

第 10 行表示在关节空间中，以 50% 的速度运动到示教点 6。

第 11 行则表示在关节空间中，以 100% 的速度运动到示教点 7，焊接过程结束。

6.3 RAPID 语言

6.3.1 基本语法

RAPID 语言指令的一般形式为

```
MoveJ p5，v2000，fine \Inpos：= inpos50，grip3；
```

这里 MoveJ 为命令名称，表示在关节空间中运动，其后为一系列指令参数，以逗号进行分隔，以分号结尾。

RAPID 支持多种类型的变量。除了布尔、浮点数、整数等基本类型外，还有针对机器人应用的位置 pos、姿态 pose 等复杂类型。变量可自己命名，在使用变量之前，需事先声明变量的类型，例如：

```
CONST num parity_bit：= 8；
VAR byte data1：= 2；
```

这里第一行定义一个常数值为 8，第二行定义一个可变的字节型变量 data1 值为 2。

在分支控制上，RAPID 仅支持 IF 结构，其语法结构为：

```
IF Condition THEN
…
ELSEIF Condition THEN
…
ELSE
…
ENDIF
```

如果要实现类似于 INFORM 中 SWITCH 语句的功能，可采用多个 ELSEIF 的方式来间接实现。

在循环控制上，RAPID 支持 WHILE 和 FOR 两种结构。WHILE 的语法结构为：

```
WHILE condition DO
…
ENDWHILE
```

FOR 循环的语法结构为：

```
FOR count FROM start TO end DO
…
ENDFOR
```

在 RAPID 语言中，count 每循环一次加 1。

RAPID 为基于函数的过程式编程语言，其函数的语法结构为：

```
PROC FuncName( )
…
ENDPROC
```

通过函数可对机器人的运动过程进行分解，提高代码的阅读性和可重复利用性。

在一个应用程序中，有且只有一个主函数 main，即：

```
PROC main( )
…
ENDPROC
```

为便于代码的复用和管理，RAPID 还支持模块（module），一个模块中可包含多个函数，因此可将相关的函数放在同一个模块中。模块的语法结构为：

```
MODULE MyModule
…
ENDMODULE
```

6.3.2 运动控制

RAPID 中的运动控制函数有关节空间点到点运动、笛卡儿空间的直线和圆弧运动等，其具有多种形式，包括绝对和相对运动、运动结束时发出输出信号、运动结束时执行函数等，见表6-7。

表 6-7　RAPID 中的运动控制函数

函数	功能
MoveAbsJ	关节空间运动,运动到绝对关节位置
MoveJ	关节空间运动
MoveJDO	关节空间运动,结束时发出一个信号
MoveJSync	关节空间运动,结束时执行一个函数
MoveExtJ	末端沿着指定的方向直线运动或绕指定的轴线旋转
MoveL	笛卡儿空间运动,沿直线运动到目标位置
MoveLDO	沿直线运动,结束时发出一个信号
MoveLSync	沿直线运动,结束时执行一个函数
MoveC	笛卡儿空间运动,沿圆弧运动到目标位置
MoveCDO	沿圆弧运动,结束时发出一个信号
MoveCSync	沿圆弧运动,结束时执行一个函数

除了基本的运动控制指令外，RAPID 还为示教盒提供路径记录相关的函数，见表6-8。

表 6-8　RAPID 中的路径记录函数

函数	功能
PathRecMoveBwd	向后移动一个路径点
PathRecMoveFwd	向前移动一个路径点
PathRecStart	开始记录机器人的路径
PathRecStop	停止记录机器人的路径
StartMove	重新起动机器人运动
StopMove	停止机器人运动
StepBwdPath	在 RESTART 的事件程序中进行路径的返回

在进行工作站布局时，要考虑机器人和各个设备的摆放位置，尽量避免机器人在工作过程中经过奇异点。针对奇异位置，RAPID 有函数 SingArea 提供奇异处理策略，在奇异位置处设置插补策略，让机器人自动规划当前轨迹经过奇异点时的插补方式。SingArea 定义机械臂如何在奇异点附近移动，如"SingAreaWrist"为允许轻微改变工具的姿态通过奇异点，"SingAreaOff"为关闭自动插补。

6.3.3　扩展功能

RAPID 具有较强的扩展能力，它预留有与示教盒进行交互、Socket 通信、中断控制等的接口。通过示教盒交互函数，用户可对示教盒进行一定程度的开发，实现清屏、写信息、保存报警信息等功能，相关的函数见表 6-9。Socket 通信则以机器人控制器为服务器，通过客户端进行访问和操作，相关的函数见表 6-10。中断控制则根据触发信号执行相应的函数，包括 I/O 端口中断、计时中断、错误状态中断等，能大大提高机器人的扩展性和对异常状态的反应能力，相关的函数见表 6-11。

表 6-9　RAPID 中的示教盒交互函数

函数	功能
TPErase	示教盒清屏
TPWrite	在示教盒操作界面上写信息
ErrWrite	在示教盒事件日志中写报警信息并存储
TPReadFK	示教盒功能键操作
TPReadNum	示教盒数字键盘操作
TPShow	通过 RAPID 程序打开指定的窗口

表 6-10　RAPID 中的 Socket 通信函数

函数	功能
SocketCreate	创建 Socket
SocketConnect	连接远程计算机
SocketSend	发送数据到远程计算机
SocketReceive	从远程计算机接收数据
SocketClose	关闭 Socket
SocketGetStatus	获取当前 Socket 的状态

表 6-11　RAPID 中的中断控制函数

函数	功能
CONNECT	连接一个中断符号到中断程序
ISignalDI/O	使用一个数字 I/O 信号触发中断
ISignalAI/O	使用一个模拟 I/O 信号触发中断
ITimer	计时中断
IError	当一个错误发生时触发中断
IDelete	取消中断
ISleep	关闭一个中断
IWatch	激活一个中断
IDisable	关闭所有中断

6.4 KRL 语言

6.4.1 基本语法

与 RAPID 语言一样，KRL 语言中的变量在使用之前也需事先声明。例如，声明一个 4×4 的矩阵，代码为：

```
DECL REAL MATRIX[4,4]
```

KRL 支持几何操作符":"。该操作符用于表示位置和姿态在不同坐标系中的变换，能方便机器人应用的开发。例如，代码 Base = Table：Workpiece 意为从基坐标系 Base 到桌面坐标系 Table 再到工件坐标系 Workpiece 的合成变换，几何操作符的坐标变换如图 6-6 所示。

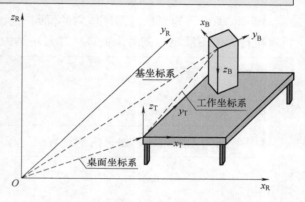

图 6-6 KRL 中几何操作符的示意图

KRL 语言支持 IF 和 SWITCH 两种分支控制结构。IF 的语法结构为：

```
IF Execution condition THEN
Instructions
ELSE
Instructions
ENDIF
```

SWITCH 的语法结构为：

```
SWITCH PROG_NO
CASE 1  ;if PROG_NO = 1
PART_1( )
CASE 2  ;if PROG_NO = 2
PART_2( )
PART_2A( )
CASE 3,4,5  ;if PROG_NO = 3, 4 or 5
$OUT[3] = TRUE
PART_345( )
DEFAULT  ;if PROG_NO < >1,2,3,4,5
ERROR_UP( )
ENDSWITCH
```

在循环控制方面，KRL 支持 FOR、WHILE、REPEAT 和 LOOP 四种。FOR 结构能指定步长，其语法结构为：

```
FOR counter = start TO end STEP increment
…
ENDFOR
```

WHILE 结构先执行条件判断，条件为"真"则执行循环体内的代码。其语法结构为：

```
WHILE execution_condition
…
ENDWHILE
```

REPEAT 循环为先执行循环体内的代码，执行一次后再判断条件是否满足。若满足，则再次执行；若不满足，则跳出循环。其语法结构为：

```
REPEAT
…
UNTIL termination_condition
```

LOOP 则为无限循环，如果内部没有跳转程序的话会一直执行下去。其语法结构为：

```
LOOP
…
ENDLOOP
```

KRL 支持函数，但不具有 RAPID 中的模块。

```
DEF UNTERPR( )
…
END
```

6.4.2　运动控制

KRL 支持关节空间点到点运动操作空间中的直线和圆弧运动，且还支持以增量方式运动，见表 6-12。

表 6-12　KRL 中的运动控制函数

函数	功能
PTP	关节空间点到点运动
PTP_REL	以增量方式执行关节空间点到点运动
LIN	操作空间直线运动
LIN_REL	以增量方式执行操作空间直线运动
CIRC	操作空间圆弧运动
CIRC_REL	以增量方式执行操作空间圆弧运动

6.4.3　扩展功能

KRL 主要以工艺包的形式进行扩展。

6.5　AUBO Script 语言

AUBO Script 机器人语言基于 Lua 脚本语言，易于上手，具有很强的扩展性。AUBO Script 语言主要包含运动模块、内部模块、数学模块和界面模块四部分。

6.5.1　基本语法

AUBO Script 有四种基本变量类型：数字、布尔值、字符串和表。数字类型又可分为整数和浮点数。在使用变量时，不需要事先声明变量的类型，变量的类型在定义时确定。例如：

```
len = 100
PI = 3. 1415926
port_1 = true
user_name = ''Aubo''
joint_angle = {0. 1，-1. 0, 0. 2, 1. 0, 0. 4, 0. 5}
```

这里变量 len 为整数，PI 为浮点数，port_1 为布尔值，user_name 为字符串，joint_angle 为数组。

1. 表

AUBO Script 的主要数据结构为表（Table）。通过表可将数据组织起来，实现数组、集合、对象和包等复杂数据类型。实际上，表为关联数组，它的条目都为键-值对，键可采用数字或字符串。索引时，以键来获取相应的值。

表可通过大括号定义，例如：

```
a = {}
a[''x''] = 10
a[20]  = ''great''
a[''x''] = a[''x''] +1
```

当将一个表赋值到另一个变量时，实际上新建了一个引用，改变该变量时，也改变了原有的表。当将标量赋值为 nil 时，删除一个引用。例如：

```
a = {}
a[''x'']  = 10
b = a
b[''x'']
b[''x'']  = 20
a[''x'']
```

```
a = nil
b = nil
```

若表没有引用指向它，则表会被删掉从而释放内存。

除使用中括号外，也可使用域名，增加和索引条目。例如：

```
a = {}
a. x = 10
a["x"]
```

需要注意的是采用中括号时，键一般是字符串，不能忽略引号。

表在定义时，可在大括号中输入数值，对表进行初始化，其对应的键为数值，从 1 开始按顺序增加。例如：

```
days = {"Monday","Tuesday","Wednesday","Thursday","Friday", "Saturday","Sunday"}
days[1]
```

也可直接输入键-值对，例如：

```
a = {x = 10, y = 20}
a["x"]
a. y
```

表可进行嵌套，即键-值对中值也可为表，例如：

```
pose = {}
pose. pos = {1, 1, 1}
pose. ori = {0.5, 1, 1}
```

2. 流程控制

AUBO Script 有 if、while、repeat 和 for 这四种结构控制流程。其中 if 用于分支控制，while、repeat 和 for 用于循环控制。

分支控制的语法结构为：

```
if( exp1 ) then
    …
else if( exp2 ) then
…
else
…
end
```

这里 exp1 和 exp2 为布尔运算表达式，else 分支可没有，分支控制语句块以 end 终止。

while 循环控制的结构为：

```
while(exp1)do
...
end
```

当 exp1 为真时，循环控制结构中的语句会循环执行。一般这些语句会影响 exp1 的值，会跳转出循环语句。

repeat 循环控制的结构为：

```
repeat
...
until(exp1)
```

与 while 循环不同，repeat 循环先执行一次，然后判断是否跳出循环。

for 循环能指定循环的次数，它的语法结构为：

```
for init, max/min_value, increment do
...
end
```

这里 init 为初始值；max/min_value 为最大/最小值，与 increment 的符号有关；increment 为每一次循环的增量，可为正或为负。

在循环控制结构中，可使用 break 停止某个循环，使用 goto 实现跳转，使用 return 直接返回。注意，AUBO Script 中没有 continue 语句，但可通过 goto 间接实现。

3. 函数

函数定义的语法结构为：

```
function MyFunc(param)
   ...
end
```

也可将函数名放到前面，例如：

```
MyFunc = function(param)
   ...
end
```

函数可通过 return 返回一个或多个返回值，也可没有返回值。例如：

```
function add(a, b)
   return a, b,(a+b)
end
```

若调用函数，则：

```
x, y, z = add(a, b)
```

这里 x 的值为 a，y 的值为 b，z 的值为 a 与 b 的和。

6.5.2 运动控制

AUBO Script 中有关节运动、笛卡儿空间直线运动等运动控制接口函数，支持添加路点和沿路点运动功能，并能控制机器人的暂停、继续执行、缓停和急停等，如表 6-13 所示。

表 6-13 AUBO Script 中的运动控制函数

函数	功能
move_joint	关节空间运动
move_line	笛卡儿空间运动,沿直线运动
add_waypoint	添加路点
move_track	沿路点运动
robot_pause	机器人暂停
robot_continue	机器人继续执行
robot_slow_stop	机器人缓停
robot_fast_stop	机器人急停

6.5.3 扩展功能

AUBO Script 通过 I/O 端口、TCP/IP（Transmission Control Protocol/Internet Protocol）通信端口、通用插件函数等方式与外界进行交互，见表 6-14。其中 I/O 端口包括数字 I/O 端口、末端 I/O 端口和工具 I/O 端口三类。

表 6-14 AUBO Script 中的 I/O 端口函数

函数	功能
set_robot_io_status	设置 I/O 端口状态
get_robot_io_status	获取 I/O 端口状态
set_tool_power_voltage	设置工具 I/O 端口输出电压

AUBO Script 支持通过 TCP/IP 通信端口与机器人进行通信，相关的函数见表 6-15。

表 6-15 AUBO Script 中的 TCP/IP 通信端口

函数	功能
initTCPServer	初始化 TCP 服务器
isClientConnected	判断客户端是否连接了服务器
serverRecvData	服务器接收客户端发来的数据
serverSendData	服务器向客户端发送数据

（续）

函数	功能
connectTCPServer	客户端连接 TCP 服务器
clientRecvData	客户端接收从服务器发来的数据
clientSendData	客户端向服务器发送数据
disconnectTCPServer	断开所有客户端与服务器的连接

AUBO Script 还提供通用的插件通信端口函数，负责与插件进行通信，控制外部设备或者调节工艺参数。例如：

```
variable script_common_interface(string pluginName, string data)
```

这里 pluginName 为插件名称，data 为传输给插件的数据，返回值则依赖于具体的插件。

6.6　实训：AUBO 机器人脚本编程

6.6.1　任务分析

本实训分两个部分，每个部分一个线程。主线程负责运动控制，子线程负责 TCP 数据交互。通过子线程从 TCP Server 中实时获取数据，拆包并解析后，通过示教盒的全局变量与主线程交互参数。

6.6.2　主线程

通过 V_B_run 和 V_I_offset 两个变量进行两个线程的数据交互。主线程中设置机器人的参数，并采用无限循环的方式，循环检测 V_B_run 的状态，从而控制机器人的运动。如果 V_B_run 为"真（true）"，则开始运动，先运动到圆弧轨迹的第一个路点，然后相对示教路点在用户坐标系中以表示偏移的 V_I_offset 进行圆弧运动。这里为相对偏移，每次圆弧运动的起始点均不相同，所以在圆弧运动之前配置的通过直线运动到圆弧轨迹的准备点中也需要使用相同的相对偏移参数，以确保每次圆弧运动之前都到达了轨迹的准备点。主线程代码为：

```
- - father thread
init_global_variables("V_B_run,V_I_offset")
- - set tool params
set_ tool _ kinematics _ param ( { 0. 100000, 0. 200000, 0. 300000 } , { 1. 000000, 0. 000000, 0. 000000,
0. 000000 } )
set_tool_dynamics_param(0, {0,0,0}, {0,0,0,0,0,0} )
- - move to readypoint
init_global_move_profile( )
set_joint_maxvelc( {1. 298089,1. 298089,1. 298089,1. 555088,1. 555088,1. 555088} )
set_joint_maxacc( {8. 654390,8. 654390,8. 654390,10. 368128,10. 368128,10. 368128} )
```

```
    move_joint( get_target_pose( {0.400320, 0.209060, 0.547595}, rpy2quaternion( {d2r(179.999588), d2r
(0.000243), d2r(89.998825)} ), false, {0.0, 0.0, 0.0}, {1.0, 0.0, 0.0, 0.0} ), true)
    while( true) do
        sleep(0.001)
        while( not( get_global_variable("V_B_run"))) do
        sleep(0.01)
        end
        local loop_times_flag_0 = 0
        while( loop_times_flag_0 < 1) do
            loop_times_flag_0 = loop_times_flag_0 + 1
            sleep(0.001)
    -- movel to ready point
    init_global_move_profile()
    set_end_maxvelc(1.000000)
    set_end_maxacc(1.000000)
    set_relative_offset( {get_global_variable("V_I_offset") * 0.05, 0, 0},
    CoordCalibrateMethod.zOzy, {0.000003, 0.127267, 1.321122, 0.376934, 1.570796, 0.000008},
{0.244530,0.169460,1.356026,0.384230,1.570794,0.244535}, {0.196001,0.070752, 1.129614,0.370431,
1.570795,0.196006}, {0.100000, 0.200000, 0.300000} )
    move_line( {0.208890, 0.044775,1.246891,0.368688, 1.570800,0.208869}, true)
    -- move arc
    init_global_move_profile()
    set_end_maxvelc(1.000000)
    set_end_maxacc(1.000000)
    set_relative_offset( {get_global_variable("V_I_offset") * 0.05, 0, 0}, CoordCalibrateMethod.zOzy,
{0.000003,0.127267,1.321122,0.376934,1.570796,0.000008}, {0.244530,0.169460,1.356026,0.384230,
1.570794,0.244535}, {0.196001, 0.070752, 1.129614, 0.370431, 1.570795, 0.196006}, {0.100000,
0.200000, 0.300000} )
    add_waypoint( {0.208890, 0.044775,1.246891,0.368688, 1.570800,0.208869} )
    add_waypoint( {0.237646,0.169014,1.355669,0.384145, 1.570793,0.237655} )
    add_waypoint( {0.000009,0.087939, 1.110852,0.372015, 1.570793,0.000007} )
    set_circular_loop_times(0)
    move_track( MoveTrackType.ARC_CIR, true)
    end
    set_global_variable("V_B_run", false)
    end
```

6.6.3 子线程

　　子线程先连接 TCP Server，示教盒作为 TCP Client，TCP Server 连接成功后，循环读取数据。数据格式为"run，offset"，run 代表解除主线程的阻塞等待，offset 代表主线程中轨迹圆弧运动的偏移量。例如，从 TCP Server 向 Client 发送"run，1"，拆包后，将 V_ B_ run 赋值为 true，V_I_offset 赋值为 1。子线程代码为：

```
– –child thread
function string. split( str, delimiter)
if str = = nil or str = = '' or delimiter = = nil then
return nil
end
local result = {}
for match in( str. . delimiter) :gmatch( ''(. )''. .
delimiter) do
table. insert( result, match)
end
return result
end
– – connect to TCP server
port = 7777
ip = ''127. 0. 0. 1''
connectTCPServer( ip, port)
sleep( 1)
clientSendData( ip, ''OK'')
– – read data
recv = '' ''
while( true) do
sleep( 1)
recv = clientRecvData( ip)
print( recv)
if( recv ~ = '' '') then
table1 = string. split( recv, '','')
if( table1[ 1] = = ''run'') then
set_global_variable( ''V_I_offset'', tonumber( table1[ 2] ) )
set_global_variable( ''V_B_run'', true)
end
end
end
```

6.6.4　加载程序

主线程和子线程分别保存为两个脚本文件 father. aubo 和 child. aubo。首先，在示教盒中新建一个工程，将 father. aubo 嵌入主程序中，将 child. aubo 嵌入 Thread 中。然后，单击"配置"选项，再单击"变量配置"选项，配置程序中要用到的两个变量"V_B_run"和"V_I_offset"，如图 6-7 所示。运行前需先起动 TCP Server（注意修改 IP 和 port），然后通过 TCP Server 向示教盒发送字符串"run, offset"。运行效果如图 6-8 所示。

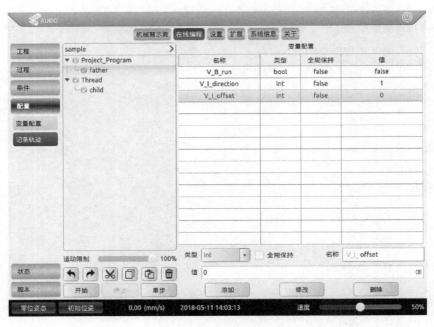

图 6-7　变量的配置

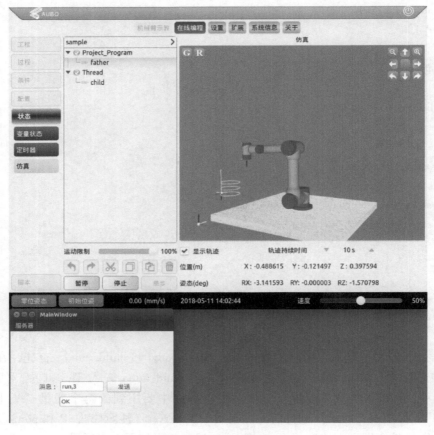

图 6-8　运行的效果

思考与练习

6.1 机器人语言的基本模块有哪些？

6.2 阐述 YASKAWA 公司的机器人语言 INFORM 的基本语法。

6.3 阐述 ABB 公司的机器人语言 RAPID 的基本语法。

6.4 阐述 KUKA 公司的机器人语言 KRL 的基本语法。

6.5 比较 INFORM、RAPID、KRL 和 AUBO Script 这四种机器人语言，它们有哪些相同点，哪些不同点？

6.6 AUBO Script 中表的创建方式有哪些？

第7章 工业机器人编程开发

 知识目标

- ✓ 了解工业机器人的编程方式。
- ✓ 了解工业机器人常用的开发语言。
- ✓ 熟知示教编程和离线编程的基本步骤。

 技能目标

- ✓ 掌握 AUBO 机器人的在线编程。
- ✓ 能够通过 SDK 对 AUBO 机器人进行应用开发。

7.1　编程方式

工业机器人的编程方式主要有三种：①示教编程；②离线编程；③SDK 应用开发。示教编程指操作人员在工作现场，通过示教盒编程，因此又称在线编程或现场编程。离线编程则不必在环境嘈杂的现场，而是通过软件在计算机里重建整个工作场景的三维虚拟环境，软件可根据加工零件的大小、形状、材料，配合软件操作者的一些操作，自动生成机器人的控制程序。SDK 应用开发则是基于机器人厂商提供的开发接口对机器人进行控制。开发接口为通用的编程语言，如 C/C++、Java、Python 等，以一台计算机为控制中心，连接多台机器人设备或外围设备对整个系统进行控制。

三种编程方式具有不同的优缺点。示教编程最为简单，不需要额外的编程软件和中控计算机，由机器人的控制器对机器人和相关外围设备进行控制，成本较低。但它仅适合简单的任务，对复杂的任务（如空间复杂曲线规划），则难以适用。离线编程采用图形化方式对整个工作场景进行模拟，比较直观，同时可通过图形技术对机械臂的期望运动轨迹进行提取并对规划的运动进行验证，对于复杂流水线的设计和节拍控制具有很好的帮助作用，能大幅缩短开发时间；但离线编程需另外购买软件，成本较高，且支持的外围设备有限。SDK 应用开发因接口函数采用通用编程语言，故对外围设备的支持具有很大优势。但需要一台额外的计算机作为中控，这提高了成本，同时对开发人员的要求较高，需要具有一定的编程能力。这三种编程方式的比较见表7-1。

表 7-1 工业机器人编程方式的比较

编程方式	优点	缺点
示教编程	1. 编程门槛低、简单方便、不需要环境模型 2. 对实际的机器人进行示教时,可修正机械结构带来的误差	1. 示教编程过程烦琐、效率低 2. 精度完全靠示教者的目测决定,对于复杂的路径示教难以取得令人满意的效果 3. 示教盒种类太多,学习量太大 4. 示教过程容易发生事故,轻则撞坏设备,重则撞伤人 5. 对实际的机器人进行示教时要占用机器人
离线编程	1. 安全,不需要与实际机器人接触 2. 开发周期短,调试便捷 3. 不占用机器人,不影响工业生产	1. 对于简单轨迹的生成,没有示教编程的效率高,如在搬运、码垛及点焊上的应用,这些应用只需示教几个点,用示教盒很快可搞定;而对于离线编程来说,还需要搭建模型环境,如果不是出于方案的需要,显然这部分工作的投入与产出不成正比 2. 模型误差、工件装配误差、机器人绝对定位误差等都会对其精度有一定的影响,需要采用各种办法来尽量消除这些误差 3. 成本较高,离线编程软件需要另外购买 4. 视觉、六维力/力矩等传感器难以正确仿真 5. 开发的程序不能直接用于实际工况,还需要进行调整
SDK 应用开发	1. 通用性最好,能更好地与外围设备集成 2. 扩展性好,适合开发工艺包	1. 成本较高,需要配备中控计算机 2. 对开发人员的要求较高,需要具备较好的编程能力

7.2 示教编程

示教编程也称在线编程,指操作人员通过示教盒,手动控制机器人的关节运动,使机器人运动到预定的位置,同时对该位置进行记录,并传递到机器人控制器中,之后机器人可根据指令自动重复该任务,操作人员也可选择不同的坐标系对机器人进行示教。目前,大部分机器人应用仍采用示教编程方式,并且主要集中在搬运、码垛、焊接等领域。特点是轨迹简单,手工示教时,记录的点不太多。

示教编程是一个操作人员与机器人交互的过程,操作人员负责运动模式的设置,机器人负责采集、记录所需的数据,最后将运动模式和记录的数据一起转换为机器人语言来驱动机器人运动。例如,通过示教编程进行直线轨迹规划,操作人员设置运动模式为"直线轨迹运动",然后将机器人移动到初始和目标位置,分别记录下这两个位置的信息;根据运动模式及初始和目标位置,内部的控制器能够规划出机器人沿直线运动的关节轨迹,从而控制机器人运动。示教编程的基本流程如图 7-1 所示。

示教编程工作量最大也最危险的步骤为示教。按采用设备的不同,可分为示教盒示教、力觉传感示教和专用工具辅助示教三种。

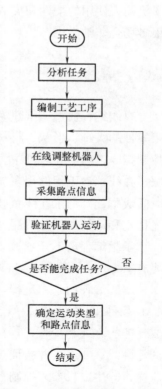

图 7-1 示教编程的基本流程

示教盒示教具有在线示教的优势，操作简便直观。示教盒主要有编程式和遥感式两种，如采用机器人对汽车车身进行点焊可用编程式。首先由操作人员控制机器人达到各个焊点，对各个点焊轨迹进行人工示教，在焊接过程中通过示教再现焊接轨迹，从而实现车身各个位置各个焊点的焊接。但在焊接中车身的位置很难保证每次都完全一样，故在实际焊接中，通常还需增加激光传感器等对焊接路径进行纠偏和校正。在水下施工、核电站修复等极限环境下，操作者不能身临现场，焊接任务的完成必须借助遥感式。

由于视觉误差，立体视觉示教精度低，激光视觉传感器能获取焊缝轮廓信息，反馈给机器人控制器实时调整焊枪位姿跟踪焊缝。但无法适应所有遥控焊接环境，如工件表面状态对激光辅助示教有一定影响，不规则焊缝特征点提取困难，此时可采用力觉传感器对焊缝进行辨识，其系统结构简单，成本低，反应灵敏度高，力觉传感器与焊缝直接接触，示教精度高。通过力觉传感示教焊缝辨识模型和自适应控制模型，实现传感示教局部自适应控制，通过共享技术和视觉临场感实现人对遥控焊接传感示教宏观全局监控。

为了使得机器人在三维空间示教过程更直观，一些辅助示教工具被引入在线示教过程。辅助示教工具包括位置测量单元和姿态测量单元，分别测量空间位置和姿态。由两个手臂和一个手腕组成，有六个自由度，通过光电编码器来记录每个关键的角度。操作时，由操作人员手持该设备的手腕，对加工路径进行示教，记录下路径上每个点的位置和姿态，再通过坐标转换得到机器人的加工路径值，实现示教编程，操作简便，精度高，不需要操作者实际操作机器人，这对很多非专业的操作人员来说非常方便。借助激光等装置进行辅助示教，提高了机器人使用的柔性和灵活性，降低了操作的难度，提高了机器人加工的精度和效率，这在很多场合非常实用。

7.3 离线编程

离线编程通过三维建模软件，在电脑里重建整个工作场景的虚拟环境，软件可根据要加工零件的大小、形状、材料，配合软件操作者的一些操作，自动生成机器人的运动轨迹，即控制指令，然后在软件中仿真与调整轨迹，最后生成机器人程序传输给机器人。离线编程克服了在线示教编程的很多缺点，充分利用了计算机的功能，减少了编写机器人程序所需要的时间成本，降低了在线示教编程的不便。目前离线编程广泛应用于打磨、去毛刺、焊接、激光切割和数控加工等机器人新兴应用领域。

示教编程离不开示教盒，离线编程离不开离线编程软件，目前市场上的离线编程软件主要有 RobotArt、Robotmaster、RobotWorks、RobotStudio（图 7-2）等。

离线编程的基本流程（图 7-3）：①建立机器人和操作环境的三维模型，这一步一般在CAD 软件中建立模型，然后将模型导入离线编程软件中；②编制工艺工序，确定机器人完成任务的方式和步骤；③在离线编程软件中提取关键路点信息，提取出复杂的轨迹，如工件的轮廓线；④生成并验证机器人的运动，利用软件碰撞检测功能检测机器人与环境是否发生碰撞；⑤生成机器人控制程序；⑥由于实际环境与仿真环境存在一定的偏差，因此在实际部署时还需进行适当的修正。

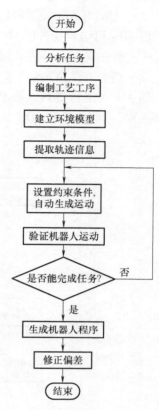

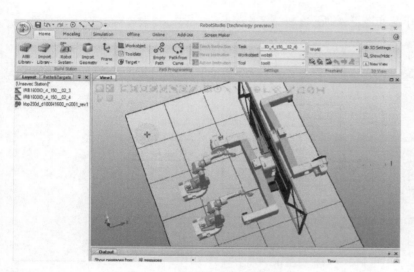

图 7-2　RobotStudio 离线编程软件

图 7-3　离线编程
的基本流程

7.4　SDK 应用开发

除第 6 章阐述的机器人编程语言外，机器人厂商也提供各种编程语言的应用程序接口（Application Programming Interface，API）。API 提供用户编程时的接口，是一些预先定义的函数，目的是提供应用程序与开发人员基于某软件或硬件得以访问一组例程的能力，而又不需要访问源码，或理解内部工作机制的细节。与机器人编程语言相比，基于 API 函数进行开发具有更高的灵活性，在函数库、外围设备的支持等方面都具有更多优势。

基于 API 函数对机器人进行开发跟开发计算机软件一样。机器人厂商会提供软件开发工具包（Software Development Kit，SDK）。该工具包是特定的软件包、软件架构、硬件平台、操作系统等建立应用软件的开发工具的集合，里面包含需要用到的头文件和库文件。实际上，SDK 为第三方专业性质的服务商提供的实现软件产品某项功能的工具包，如提供安卓开发工具或者基于硬件开发的服务等，还有针对某项软件功能的 SDK，如推送技术、图像识别技术、移动支付技术、语音识别分析技术等。在互联网开放的大趋势下，一些功能性的 SDK 已经被当作一个产品来运营。编写程序时，将包文件包含到源代码中，在编译时链接库文件。SDK 会提供与机器人建立连接、运动控制、信息获取等功能的 API 函数，实现与机器人的交互。传感器、末端工具等设备同样也会提供相应的开发包。

SDK 与 API 关系密切。SDK 包含了 API 的定义，API 定义一种能力、一种接口的规范，而 SDK 可包含这种能力、包含这种规范。但 SDK 不全是只包含 API 及 API 的实现，它是一个软件工具包，其还有很多其他辅助性的功能。以 Windows 系统为例，SDK 为 Windows 提供一整套开发 Windows 应用程序所需的相关文件、范例和工具的"工具包"。SDK 包含了使用 API 的必需资料，故也常把仅使用 API 来编写 Windows 应用程序的开发方式称为"SDK编程"。而 API 和 SDK 是开发 Windows 应用程序所必需的东西，其他编程框架和类库都建立在其上。

基于 SDK 对机器人的开发如图 7-4 所示。

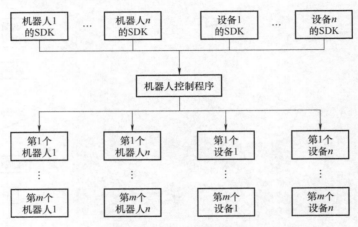

图 7-4 基于 SDK 进行开发

常见的工业机器人开发语言有 C/C++、Java 和 Python 等，其特点见表 7-2。

表 7-2 机器人常用开发语言的特点

开发语言	特点
C/C++	1. 通用性最强 2. 外围设备的支持最好
Java	1. 跨平台性。软件可不受计算机硬件和操作系统的约束而在任意计算机环境下正常运行 2. 面向对象。以对象为基本粒度，其下包含属性和方法。对象的说明用属性表达，通过使用方法操作对象 3. 安全性。在语言级安全性、编译时安全性、运行时安全性、可执行代码四个层面保证安全性 4. 多线程。多线程在操作系统中已得到最成功的应用。多线程指允许一个应用程序同时存在两个或两个以上的线程，用于支持事务并发和多任务处理
Python	1. 不需要编译即可运行 2. 弱类型语言，不需要对变量进行严格的申明，开发起来容易上手

7.5 AUBO 机器人在线编程

AUBO 机器人提供便捷的在线编程方法，仅需掌握少量的编程基础即可完成编程任务，能极大地提高工作效率。AUBO 机器人的在线编程在"在线编程"操作界面中进行，如

图 7-5 所示。操作界面可分为左侧、中部和右侧三部分。左侧为工具栏，包括"工程""过程""条件""配置""状态""脚本"六个子选项，每个子选项均有对应的操作界面。中部为逻辑树，通过树状结构对机器人的工作过程进行描述。右侧为功能操作区域，会随着工具栏中选中的不同按钮或逻辑树中选中的不同过程而变化。

图 7-5　AUBO 机器人的在线编程界面

进行在线编程时，程序以工程的形式保存。单击工具栏中的"工程"按钮，可在其下方看到"新建""保存""加载""默认工程"四个子选项。每个子选项的操作步骤为：

1）单击"新建"按钮，即可创建一个新工程，程序列表处会出现一个根节点（New Project），此后的命令都在此根节点下，且操作界面自动切换到基础条件界面。此时可在功能操作区域中输入工程的名称。

2）单击"保存"按钮可对工程进行保存或另存为的操作。工程文件以 xml 格式保存，保存后的文件可在加载处显示，且可参阅工程文件及日志导出小结进行文件导出。

3）除新建工程外，也可加载以前编写的程序，在其基础上进行修改或直接运行。如图 7-6 所示，单击"加载"按钮，找到目标程序，加载工程。若直接运行，则单击左下角的"开始"按钮，进入移动机械臂到准备点界面，按住自动按钮移动机械臂到起始位置，依次单击"OK"→"开始"按钮，机器人开始动作，且操作界面自动切换到仿真模型界面。

4）单击按钮"默认工程"可设置机器人起动后加载的默认程序。如图 7-7 所示，单击"默认工程"按钮，在默认工程文件列表处选择需要操作的工程，然后根据需求选择界面右下角不同的单选框。选择"自动加载默认工程"单选按钮，打开编程环境后自动载入默认工程。选择"自动加载并运行默认工程"单选按钮，打开编程环境后自动载入并运行默认工程。单击"确认"按钮，确定默认工程配置。

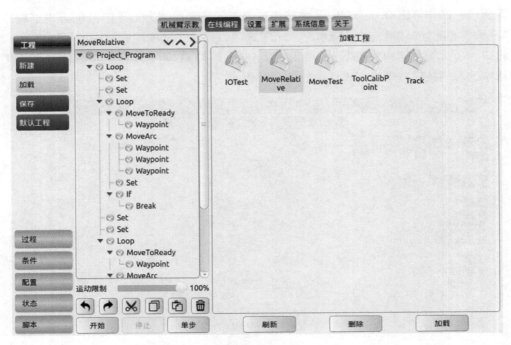

图 7-6　加载工程图

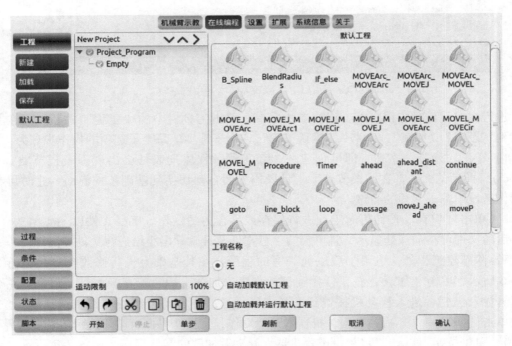

图 7-7　默认工程图

工程文件编辑完成后，可单击"开始"按钮进行工程的运行。如图 7-8 所示，其操作步骤为：①单击界面下方的"开始"按钮；②长按"自动移动"按钮直到机械臂运行到初始点位置（"Cancel"按钮显示为"OK"）；③单击"OK"按钮；④再次单击"开始"按钮。

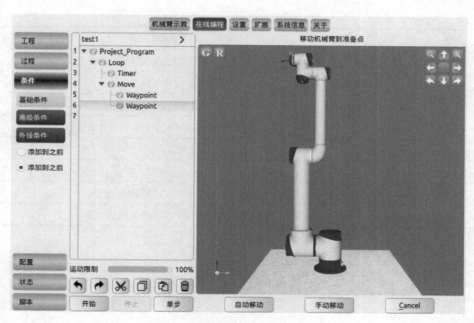

图 7-8   运行工程图

7.6   AUBO 机器人的 SDK 应用开发

AUBO 机器人 C、C++ 和 Python 语言接口的函数大致相同，只是根据语言的特性，在具体实现方式上有所区别。

7.6.1   C 语言接口

C 语言接口以函数的形式提供（表 7-3），每个函数均以 rs 开头，以机械臂控制上下文句柄作为机械臂的 ID 和访问入口，即有：

```
rs_ * (rshd, param)
```

这里 rs_ * 表示函数名，* 号与实现的功能有关，rshd 为整型数且表示机械臂控制上下文句柄以区分不同的机械臂，param 则为函数本身需要用到的参数列表，可没有或有多个参数。

表 7-3   C 语言接口中的部分函数

函数	功能
rs_initialize	初始化机械臂控制库
rs_uninitialize	反初始化机械臂控制库
rs_create_context	创建机械臂控制上下文句柄
rs_destroy_context	注销机械臂控制上下文句柄
rs_login	连接机械臂服务器

（续）

函数	功能
rs_logout	断开机械臂服务器
rs_get_login_status	获取机械臂当前状态信息
rs_init_global_move_profile	初始化全局的运动属性
rs_append_offline_track_file	向服务器添加非在线轨迹运动路点文件
rs_forward_kin	正运动学
rs_inverse_kin	逆运动学
rs_enter_tcp2canbus_mode	通知服务器进入 TCP2CANBUS 透传模式
rs_leave_tcp2canbus_mode	通知服务器退出 TCP2CANBUS 透传模式

C 语言开发的典型程序结构为：

```
rs_initialize( );
int rshd;
rs_create_context( rshd );
char * ip_address = ''192. 168. 1. 10''; // 机器人的 IP 地址
int port = 8080; // 端口号
rs_login( rshd, ip_address, port );
// 初始化运动属性,真实机械臂模式
rs_init_global_move_profile( rshd, RobotRunningMode. RobotModeReal );
// 控制语句块
…
…
…
// 退出
rs_logout( rshd );
rs_destroy( rshd );
rs_uninitialize( );
```

7.6.2　C ++ 语言接口

C ++ 语言接口以 ServiceInterface 类作为访问和控制机器人的接口，每个机器人对应一个 ServiceInterface 实例。ServiceInterface 类的部分成员函数见表 7-4。

表 7-4　C ++ 语言接口 ServiceInterface 类的部分成员函数

函数	功能
robotServiceLogin	登录,与机器人服务器建立连接
robotServiceLogout	退出登录,断开与机器人服务器的连接
robotServiceGetConnectService	获取与机器人服务器的连接状态

（续）

函数	功能
robotServiceRobotStartup	起动机器人,并进行初始化
robotServiceRobotShutdown	关闭机器人
robotServiceTrackMove	机器人轨迹运动,根据不同的模式进行运动
robotServiceOfflineTrackWaypointAppend	通过路点容器追加离线轨迹路点到服务器
robotServiceTeachStart	启动示教运动
robotServiceTeachStop	停止示教运动

C++语言开发的典型程序结构为：

```
svc_int = ServiceInterface();
svc_int. robotServiceLogin(ip_address, port);
svc_int. robotServiceRobotStartup()

…
…
…
svc_int. robotServiceRobotShutdown()
svc_int. robotServiceLogout();
```

7.6.3 Python 语言接口

Python 语言接口以 AUBO-i5Robot 类的形式提供入口。AUBO-i5Robot 类的部分成员函数见表 7-5。

表 7-5 Python 接口 AUBO-i5Robot 类的部分成员函数

函数	功能
initialize	初始化机械臂控制库
uninitialize	反初始化机械臂控制库
create_context	创建机械臂控制上下文句柄
destroy_context	注销机械臂控制上下文句柄
login	连接机械臂服务器
logout	断开机械臂服务器
rs_get_login_status	获取机械臂当前状态信息
init_profile	初始化全局的运动属性
move_track	轨迹运动
forward_kin	正运动学
inverse_kin	逆运动学

（续）

函数	功能
rs_enter_tcp2canbus_mode	通知服务器进入 TCP2CANBUS 透传模式
rs_leave_tcp2canbus_mode	通知服务器退出 TCP2CANBUS 透传模式

典型代码参考如下：

```
from robotcontrol import *
robot = Auboi5Robot()
rshd = robot.create_context()
ip_address = "192.168.1.10"
port = 8080
robot.login(ip_address, port)
// 运动控制语句块


// 退出
robot.logout
robot.destroy_context(rshd)
robot.uninitialize()
```

7.7 实训：AUBO 机器人在线编程

以 AUBO-i5 为例，控制机器人来回拾取和放下物体实训操作的步骤如下：

1）如图 7-9 所示，进入示教盒编程界面，单击"在线编程"菜单，在左侧"工程"按钮下，单击"新建"按钮可创建一个新的工程。图中左边的程序逻辑列表会出现一个根节点"Project_Program"。此后的命令都在此根节点下，且操作界面自动切换到控制逻辑界面。注意新建工程时，会把当前已打开的工程覆盖，所以新建工程前要记得保存好当前工程。单击"Project_Program"节点，会出现工程根条件，在此处可修改工程名称。

2）Loop 条件设置。如图 7-10 所示，依次单击"条件"→"基础条件"按钮，单击机械臂"基础条件"操作界面右边的"Loop"选项，则弹出"Loop"对应的操作界面（图 7-11）。然后选择"无限循环"单选按钮，接着单击"确认"按钮，此时"Loop Undefined"下方会出现一个"Empty"。

3）Move 条件设置。如图 7-10 所示，再次单击"条件"下的"基础条件"按钮，在其对应操作界面单击"Move"选项。如图 7-12 所示，选择机械臂运动属性为"轴动"。参数输入框中"关节 1 速度"和"关节 1 加速度"这两项的数值分别设置为"50%"，然后单击"确认"按钮。此时"Move Undefined"节点下方会出现一个"Waypoint Undefined"。依次单击"Waypoint Undefined"→"设置路点"按钮，如图 7-13 所示，在界面设置路点即设置机械臂所要移动的目的地，设置完成后，单击"确认"按钮，即完成路点设置。

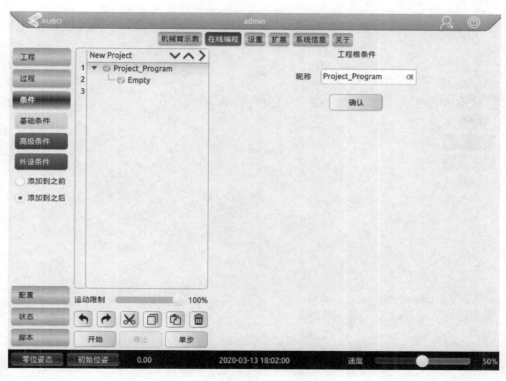

图 7-9　新建工程图

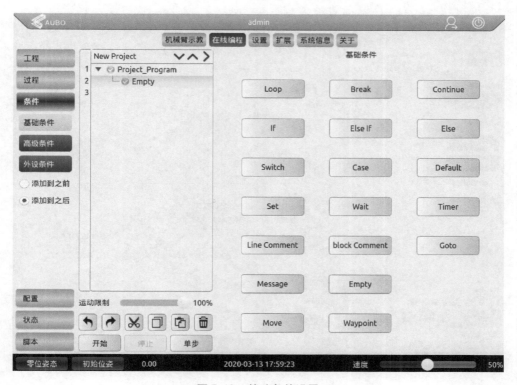

图 7-10　基础条件设置

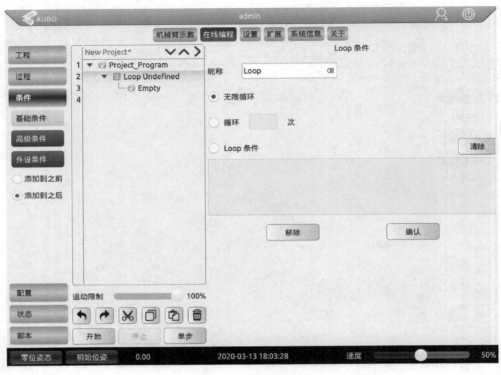

图 7-11　Loop 参数设置

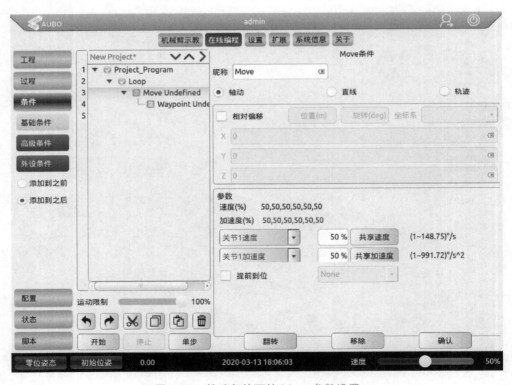

图 7-12　基础条件下的 Move 参数设置

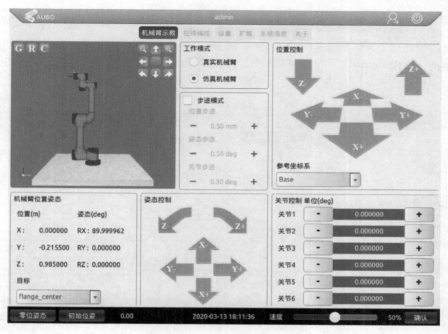

图 7-13 机械臂目的地设置

4）脚本打开夹爪命令设置。如图 7-14 所示，单击"条件"下的"高级条件"按钮，然后单击"Script Undefined"选项，选择夹爪 Script 条件为"行脚本"。然后在行脚本输入框中输入夹爪的特有"打开"脚本插件命令"script_common_interface("InsGripper","Open-Finger|0,1000,0")"，然后单击"确认"按钮。

图 7-14 夹爪打开设置

5）脚本关闭夹爪命令设置。如图7-15所示，用同样的方法添加第二个"Script Undefined"。然后在行脚本输入框中输入夹爪"合起"脚本插件命令"script_common_interface（"InsGripper"，"SetFinger|0,1000,1000"）"，然后单击"确认"按钮。至此夹爪的开合动作已经完成。

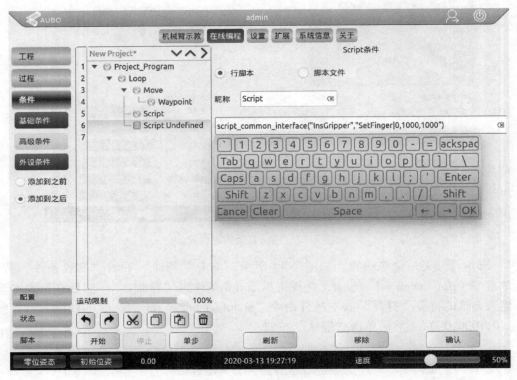

图7-15　夹爪Script合起命令设置

6）设置移动目的路点。按照同样方法，再次单击"条件"下的"基础条件"按钮，单击"Move"选项。选择机械臂运动属性为"轴动"，参数输入框"关节1速度"和"关节1加速度"这两项的数值分别设置为50%，然后单击"确认"按钮。此时"Move"下方会出现一个"Waypoint"。单击"Waypoint"，在界面路点的选项上设置机械臂要移动的目的地。单击"确认"按钮，完成夹取后移动到目标位置的路点设置，如图7-16所示。

7）放置目标设置。按照脚本命令行同样方法，设置添加两个"Script"行命令，完成控制夹爪打开目标放置。延时3s后，关闭夹爪再次抓取目标移动至目标抓取点，最后工程中的命令参考截图如图7-17所示，用户可以根据自己的实际情况设置多个机器人轨迹路点，以使功能更加完善。

8）保存并运行。依次单击"Project_Program"选项，输入工程名称并单击"保存"按钮保存工程，如图7-18所示。之后单击"开始"按钮进行工程的运行。长按"自动移动"按钮直到机械臂运行到初始点位置（"Cancel"按钮显示为"OK"），之后单击"OK"按钮，再次单击"开始"按钮程序开始顺序执行，如图7-19所示。

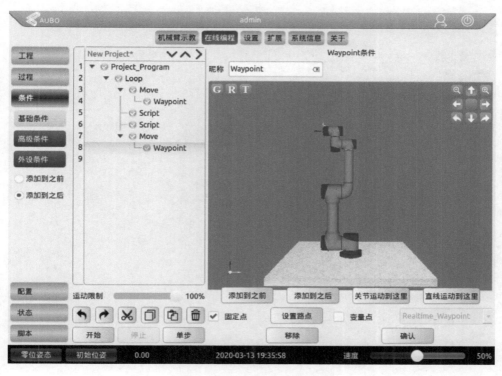

图 7-16 移动目的路点设置

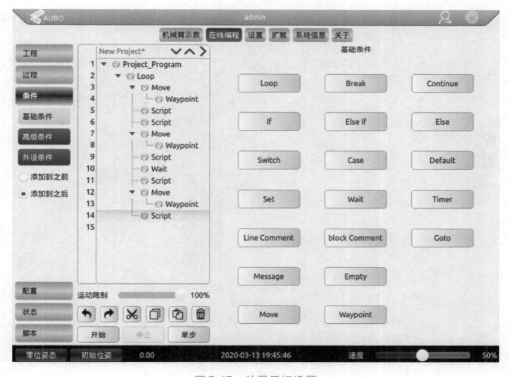

图 7-17 放置目标设置

图 7-18　保存工程

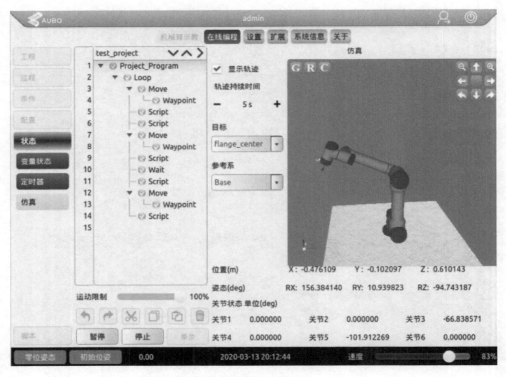

图 7-19　运行工程

思考与练习

7.1　工业机器人的编程方式有哪些？各有什么优缺点？

7.2　工业机器人的主要编程语言有哪些？

7.3　示教编程的特点是什么？如何进行示教编程？

7.4　离线编程的特点是什么？如何进行离线编程？

附录 部分公式推导

序号	公式编号	公式推导的过程
1	式(4-34)	$${}^{1}_{4}\boldsymbol{T} = {}^{1}_{2}\boldsymbol{T}{}^{2}_{3}\boldsymbol{T}{}^{3}_{4}\boldsymbol{T} = \begin{pmatrix} c(\theta_2-\theta_3) & 0 & c(\theta_2-\theta_3) & e \\ 0 & 1 & 0 & 0 \\ c(\theta_2-\theta_3) & 0 & c(\theta_2-\theta_3) & f \\ 0 & 0 & 0 & 1 \end{pmatrix} \begin{pmatrix} c(\theta_4) & -s(\theta_4) & 0 & a_3 \\ s(\theta_4) & c(\theta_4) & 0 & 0 \\ 0 & 0 & 1 & d_4 \\ 0 & 0 & 0 & 1 \end{pmatrix}$$ 式中，$\begin{cases} e = l_1 s(\theta_2-\theta_3) + l_3 s(\theta_2-\theta_3) - l_3 s(\theta_2) \\ f = -l_1 c(\theta_2-\theta_3) - l_3 c(\theta_2-\theta_3) + l_3 c(\theta_2) + l_1 \end{cases}$
2	式(4-38)	$${}^{0}_{6}\boldsymbol{T} = {}^{0}_{1}\boldsymbol{T}(\theta_1){}^{1}_{2}\boldsymbol{T}(\theta_2){}^{2}_{3}\boldsymbol{T}(\theta_3){}^{3}_{4}\boldsymbol{T}(\theta_4){}^{4}_{5}\boldsymbol{T}(\theta_5){}^{5}_{6}\boldsymbol{T}(\theta_6)$$ $$= {}^{0}_{1}\boldsymbol{T}(\theta_1){}^{1}_{4}\boldsymbol{T}(\theta_2,\theta_3,\theta_4){}^{4}_{6}\boldsymbol{T}(\theta_5,\theta_6)$$
3	式(4-45)	消项后 $$\begin{aligned} p_x s(\theta_1) - p_y c(\theta_1) &= [l_2 - l_4 + l_6 + l_8 c(\theta_5)][s^2(\theta_1) + c^2(\theta_1)] \\ &= l_2 - l_4 + l_6 + l_8 c(\theta_5) \\ &= x s(\theta_1) - y c(\theta_1) \\ \Rightarrow c(\theta_5) &= \frac{1}{l_8}[x s(\theta_1) - y c(\theta_1) - (l_2 - l_4 + l_6)] \end{aligned}$$
4	式(4-51)	$$\begin{aligned} &[l_5 s(\theta_2-\theta_3) + l_3 s(\theta_2)]^2 + [l_5 c(\theta_2-\theta_3) + l_3 c(\theta_2)]^2 \\ &= (l_5^2 + l_3^2) + 2 l_3 l_5 [c(\theta_2-\theta_3)c(\theta_2) + s(\theta_2-\theta_3)s(\theta_2)] \\ &= (l_5^2 + l_3^2) + 2 l_3 l_5 c(\theta_3) = m_3^2 + n_3^2 \\ &\Rightarrow c(\theta_3) = \frac{m_3^2 + n_3^2 - (l_5^2 + l_3^2)}{2 l_3 l_5} \end{aligned}$$
5	式(4-59)	$$c(\varphi_2) = \frac{d_4}{|{}^{0}P_{5,xy}|} = \frac{d_4}{\sqrt{{}^{0}P_{5,x}^2 + {}^{0}P_{5,y}^2}}$$
6	式(4-61)	$${}^{1}P_{6,y} \Rightarrow \begin{pmatrix} {}^{1}P_{6,x} \\ {}^{1}P_{6,y} \\ {}^{1}P_{6,z} \end{pmatrix} = \begin{pmatrix} c(\theta_1) & -s(\theta_1) & 0 \\ s(\theta_1) & c(\theta_1) & 0 \\ 0 & 0 & 1 \end{pmatrix}^{-1} \begin{pmatrix} {}^{0}P_{6,x} \\ {}^{0}P_{6,y} \\ {}^{0}P_{6,z} \end{pmatrix} = \begin{pmatrix} c(\theta_1) & s(\theta_1) & 0 \\ -s(\theta_1) & c(\theta_1) & 0 \\ 0 & 0 & 1 \end{pmatrix} \begin{pmatrix} {}^{0}P_{6,x} \\ {}^{0}P_{6,y} \\ {}^{0}P_{6,z} \end{pmatrix}$$
7	式(4-64)	$$-{}^{6}\hat{\boldsymbol{Y}}_1 = \begin{pmatrix} s(\theta_5)c(-\theta_6) \\ s(\theta_5)s(-\theta_6) \\ c(\theta_5) \end{pmatrix}$$
8	式(4-66)	$$\begin{cases} -s(\theta_5)c(\theta_6) = -{}^{6}\hat{\boldsymbol{X}}_{0,x}s(\theta_1) + {}^{6}\hat{\boldsymbol{Y}}_{0,x}c(\theta_1) \\ s(\theta_5)s(\theta_6) = -{}^{6}\hat{\boldsymbol{X}}_{0,y}s(\theta_1) + {}^{6}\hat{\boldsymbol{Y}}_{0,y}c(\theta_1) \end{cases}$$
9	式(4-69)	$$\frac{s(\varphi_2)}{-a_3} = \frac{s(\varphi)_3}{|{}^{1}P_{4,xz}|}$$

参 考 文 献

［1］ 战强. 机器人学：机构、运动学、动力学及运动规划［M］. 北京：清华大学出版社，2019.

［2］ 蔡自兴，等. 机器人学基础［M］. 2版. 北京：机械工业出版社，2013.

［3］ 李瑞峰，葛连正. 工业机器人技术［M］. 北京：清华大学出版社，2019.

［4］ 侯守军，金陵芳. 工业机器人技术基础（微课视频版）［M］. 北京：机械工业出版社，2018.

［5］ 王庭树. 机器人运动学及动力学［M］. 西安：西安电子科技大学出版社，1990.